經營顧問叢書 ㉖

商業網站成功密碼

任賢旺　編著

憲業企管顧問有限公司　　發行

《商業網站成功密碼》

序　言

　　面對網路及電子商務的迅猛發展，任何一個企業都已經沒有選擇的餘地，唯一要做的就是全力投入網路。

　　這本書是網站成功與失敗的經驗結晶，與其他網路行銷書籍的最大不同之處是：**只專注於實戰，不談理論。**

　　如果把網路行銷和做菜相比較，光看菜譜是沒有用的，即使瞭解各大菜系的特點、歷史，背熟做菜的步驟，甚至擅長品嘗美味佳餚成爲美食家，這些都不能使你成爲好的廚師。要成爲好的廚師，唯一的方法就是親自做菜。因爲讀再多書、看再多的菜譜，沒做過菜，還是不知道怎麼做。網路行銷同樣如此。看書只是引領大家入門，要真正掌握網路行銷技術，讀者必須親身實踐。

　　這本書是寫給要真正運行網站的人，不談理論，就是因爲網路行銷歸根到底就是要執行，要善用網路去達成企業之目的。

　　本書將一一爲網路商店的店主整理出來最真實的經驗，最細緻的成功步驟，最寶貴的失敗感想，處處爲網路店主著想，處處幫店主看緊店鋪！這是一本教你如何將網路商店經營成功的實務書。

《商業網站成功密碼》

目　錄

1

長尾理論與 20/80 定律

　　做行銷的人一定都知道著名的長尾理論。簡單地說，長尾理論指的是當商品儲存、流通，展示的場地和管道足夠寬廣，商品生產成本急劇下降，以至於個人都可以進行生產，並且商品的銷售成本急劇降低時，幾乎任何以前看似需求極低的產品，只要有賣都會有人買。這些需求和銷量不高的產品加起來所達到的總銷售額可以和熱門產品的銷售額不相上下，有時候甚至比熱門產品的銷售額更大。

一、什麼是長尾理論

　　在傳統媒體領域，大眾每天接觸的都是經過主流媒體，如電視臺、電臺、報紙所挑選出來的產品。諸如各個電臺每個月評選的十大暢銷金曲，每個月票房最高的電影。圖書市場也如此，權威的報紙雜誌經常會推出最暢銷書名單。大眾消費者無論自身品味的差距有多大，在現實中都不得不處在這種主流媒體的狂轟濫炸之下，使得消費不得不趨向統一。所有的人都看相同的電影、書籍，聽相同的音樂。

但是 Internet 電子商務改變了這種情況。比如亞馬遜書店，其銷售場所完全不受物理空間限制。實體商店再大，也只能容下一萬本左右的書籍。在亞馬遜書店，網站本身只是一個巨大的數據庫，能提供的書籍可以毫無困難地擴張到幾萬、幾十萬甚至幾百萬本。實體唱片行、CD 商店，所能容納的 CD 就更少了。在音樂電影網站上能銷售的產品數目不受任何場地限制。

任何消費者都可以在網上找到自己喜愛的書籍和唱片。它可以做到的，那怕這個網站一年只賣出一本非常罕見的書給消費者，行銷成本並不顯著增加。但實體商店就無法做到這一點，它不可能爲了照顧那些有另類愛好的人，而特意把一年只賣一本的書放在店面裏，因爲成本和貨架空間都決定了這不可能。

長尾示意圖

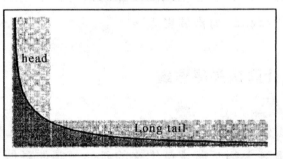

曲線橫坐標是產品受歡迎程度，從左到右由高至低。縱坐標顯示的是相應的銷售數字。可以看到，最受歡迎的一部份產品，也就是左側所謂的「head」（頭），數量不多，銷量很大。長尾指的是右側「long tail」（數量巨大），但每一個單個產品需求和銷售都很小的那部份。長尾可以延長到近乎無窮。雖然

長尾部份每個產品銷量不多,但因為長尾很長,總的銷量及利潤與頭部可以媲美。這就是只有在 Internet 上才實現的長尾效應。

二、20/80 定律

長尾理論是對經典商業活動中的 20/80 定律的顛覆,改寫歷史。

20/80 定律指的是 80%的結果,往往是來自於 20%的出處。比如對一個公司來講,80%的利潤常常是來自於 20%最暢銷的產品;80%的利潤來自於最忠誠的 20%客戶;80%的銷量或利潤來自於 20%最成功的網路行銷管道或投資;80%的銷售額來自於 20%最優秀的行銷人員等。

現實生活中許多 20/80 現象。80%的收穫往往來自於 20%的時間或投入,而其他 80%的投入只產生了 20%的收益。所以經典的商業理論都是提醒大家找到那最有效的 20%的熱銷產品、管道或銷售人員,在最有效的 20%上投入更多努力,儘量減少浪費在 80%低效的地方。

20/80 定律與長尾理論相對照,行銷人員的行動方向就可能產生分歧。按照長尾理論,那些需求不高、銷售不高的 80%產品或用戶所貢獻的總銷售額和利潤,並不一定輸給那 20%的處在頭部的產品和用戶,所以不能忽視處於長尾中的市場。而 20/80 定律則建議不要浪費時間在這部份長尾上。

原因就在於長尾理論的前提是商品銷售的管道足夠寬,並

且商品生產運送成本足夠低。比如在亞馬遜書店上，由於網站規模足夠大，已經有了幾十萬甚至上百萬的不同產品，這種情況下就能顯示出長尾效應。但是對很多中小企業網站來說，產品就只有幾十種，或者再多至幾百幾千種，這都不足以產生長尾現象，起支配作用的依然是 20/80 定律。

三、長尾與網路行銷

長尾理論畢竟對一部份網站及所有網路行銷人員的思路有很大的衝擊和借鑑意義。網路行銷人員可以從以下幾方面思考長尾理論對網路行銷的影響。

1.尋找長尾利基市場

稍有行銷常識的人都知道，尋找利基市場是現代商業行銷活動最鮮明特徵之一。利基市場是指那種高度專門化，目標非常強的小眾市場，只滿足一部份有特定需求的消費者。

在線下商業活動中，尋找利基市場理論上大家都認同，但實現起來往往困難重重。或者限於企業實體的地理位置，很可能依靠當地的特殊消費人群無法支撐一個企業的生存；或者要想服務更大地區，即使全國擁有同樣需求和愛好的人群，但又沒有合適的行銷管道。

Internet 的出現就解決了這個問題。無論你的目標客戶人群在那個角落，都可以在網上找到你的網站。這部份消費者就是長尾理論中的長尾部份。還以網上書店為例，基本上主流熱銷圖書大家都會去當當或卓越購買，很難再有其他網站能擠進

網上圖書市場。但是在長尾部份還有很多機會。有不少特殊愛好人群可能在尋找某本很久以前出版的書，或者某本非常專業化的行業書。有志於此的站長完全可以開設一家特色書店網站，專門提供這種在其他地方找不到的書籍。

每種書每年可能只有一兩個人買。但是因為你的市場是全國範圍，那麼有特殊愛好的人群將不是一個小數目。雖然這種高度專業化的網上書店銷售額永遠無法和亞馬遜書店相提並論，但是對一些個人網站或小書店來說，全國有幾千或幾萬個人能成為你的顧客，這個效果就已經不錯了。

其他行業也是一樣。在選擇網站產品時，如果你有雄厚的資本，可以和處於頭部的大網站一較高低；如果你是小企業或個人，可以從長尾部份著手。

2.關鍵詞選擇

做搜索引擎優化的人都知道，關鍵詞選擇是優化任何一個網站第一步必須要做的。選擇關鍵詞的重要的原則之一就是儘量選擇一些轉化率較高、針對性較強的關鍵詞，這就是所謂長尾關鍵詞。

比如一個提供法律服務的網站，目標關鍵詞不要定為「律師」，甚至不用「臺北律師」，而可以定為「臺北遺產律師」。從搜索次數上來說，搜索「臺北遺產律師」的人比搜索「臺北律師」或「律師」的當然要少得多。但搜索「臺北遺產律師」的用戶具有高度針對性，很明顯他已經在找具體的服務，當然轉化率也要高得多。而搜索「律師」的人到底想要找什麼信息就很難講了。

像這種較長的、針對性較高，但搜索次數比較低的詞就是長尾關鍵詞。在長尾這個詞出現以前，SEO 行業早就確立了這樣的關鍵詞原則，只不過沒有長尾關鍵詞這個說法而已。長尾理論被提出以後，最先並且經常使用的就是 SEO 行業，因爲這個詞非常形象、非常貼切地說明瞭大家一直以來已經在遵循的關鍵詞選擇原則。

Chris Anderson 在論述長尾理論時，Google 的搜索數據也是論據之一。在巨量的 Google 搜索關鍵詞中，尾巴部份是相當長的。據 Google 自身統計，每個月搜索關鍵詞中有一半都是以前從來沒有被搜索過的。也就是說，Google 搜索關鍵詞的長尾每時每刻都在變長。那麼這些長尾詞加起來的搜索次數便十分驚人。

不過要注意的是，長尾關鍵詞的選擇最合適於兩種情況。第一種情況是，新網站，它必然先從簡單的長尾關鍵詞開始優化，等具備一定實力後再向熱門關鍵詞靠近。第二種情況是，網站足夠大，至少有幾萬網頁以上，每一個網頁都可以成爲一個吸引長尾關鍵詞的頁面，這時網站的規模就促成長尾效應的出現。

3.內容的長尾

小型網站除了可以考慮利基市場外，還可以在文案寫作方面有意識地向長尾效應靠近。雖然在頁面數目上，小型網站不太可能吸引大量長尾流量。但是在文案寫作過程中，應該融合盡可能多的可能關鍵詞。比如說某篇文章的主題是怎樣辦理遺囑手續，在文案寫作中不僅要突出遺產辦理和遺傳手續等主要

關鍵詞，還要想盡辦法融進相關辭彙，如法律、律師、公證、子女、遺產稅、遺囑、委託、見證人等辭彙。很可能就會有人搜索由這些相關關鍵片語合起來的長尾關鍵詞，然後找到你的網頁。這些相關詞沒辦法都作為關鍵詞研究一遍，只能靠寫作人員的長尾意識，在寫文案時直接融合進去。

4.利潤的長尾

普通網站雖然從流量上無法體現出長尾的力量，但是有可能在利潤上出現長尾效應，也就是說，熱門產品利潤總額並沒有佔到 80%，而可能只有一半。那些銷量不大，但種類不少的長尾產品貢獻的利潤也可能達到一半或更多。網路行銷人員應該做出統計分析，如果發現長尾產品貢獻比較多利潤的情況，那麼在網站上的行銷側重點就會產生相應變化。

長尾產品利潤比較高的原因可能有幾點。熱門產品最容易被拿來促銷打折，有時由於競爭對手的關係，不得不低價出售。而長尾產品競爭比較少，可以按正常價格出售。長尾產品也經常是通過長尾關鍵詞吸引到流量，這部份流量針對性高，轉化率也更高。

長尾關鍵詞要排到搜索引擎前面的成本比熱門關鍵詞也要低得多。所以這些長尾關鍵詞和長尾產品，行銷成本低、轉化率高、單位利潤也高，就形成了銷量不大，但貢獻利潤很大的情況。

近兩三年，長尾理論在網路上影響深遠。不過真實運作網站的人不要迷信長尾理論，長尾並不適用於所有網站，理論家關於這個的探討到目前還沒有一個很明確的結論。利用網上的

長尾管道增加流量和銷售，不是一件簡單的事，除非你運行的是一個幾十萬甚至上百萬頁的或者有幾十萬產品種類的巨型網站。

相關圖書推薦

| 網路行銷技巧 | 網路商店創業手冊 | 網路商店管理手冊 | 商業網站成功密碼 |

2

網站的兩種贏利模式

商業網站的目的當然是要賺錢、要贏利。談網站贏利模式的不少文章都分類分得比較複雜，比如平臺、B2C、B2B、增值服務與電信分成等。簡化可以使思路更清晰，抓住重點。網站贏利模式只有兩種：一是賣自己的產品(包含服務)，二是賣廣告。無論怎麼變化都脫不出這兩種模式。網站運營者在開始構思網站的時候就要想清楚，網站決不能想著做出流量然後靠投資來贏利。

一、第一種模式是賣自己的產品

著名的 IT 人物說過一句話：這個世界上最堅強的商業模式是：在門口賣香煙，30 元進貨，35 元銷售。

在網上也同樣如此。最簡單直接的贏利模式其實就是買賣。把產品按照超過成本的價格賣給用戶，你就能賺錢。這才是大家應該投入更多時間精力和注意力的地方。

做電子商務網站，很重要的是不受人控制，那麼從最基礎

的地方不受別人控制，就要掌握自己的產品。如果靠賣廣告有很多東西是自己不能控制的。賣自己的產品或服務卻不同，你可以發揮自己的創造力，獨創產品或服務，可以改進，可以自己定價，可以建立自己的客戶群。

　　賣自己產品的網站，才是贏利能力最高的。有一個網站每天只有 4000～5000 獨立 IP 流量，但一年網站銷售產品 2 千萬左右，其中一半是利潤。假設網站使用廣告價格公認最高的 Google Adsense 廣告聯盟，每天 5000 獨立 IP，每年 1 千萬元利潤(相當於每天 2.74 萬元)，那麼每個獨立 IP 必須貢獻 5.48元。再假設廣告點擊率是 5%(已經相當高)，每個廣告點擊價格需要 100 元以上。

　　點擊價格 100 元以上的英文廣告不少見，經常能遇到。但能長期持續做到平均價格 100 元的網站更是聞所未聞。

　　產品或服務的形式有很多，不同的產品或服務在網站上銷售的技巧也有不同。當然在網站上賣自己的產品或服務，需要考慮的問題很多。這種贏利模式的確立，通常要以下面幾方面為基礎。

1.產品

　　生產或進貨。如果產品是自己研發生產，那麼原材料的價格、品質、供應商管道，都要保證穩定。既要品質高，也要價格適當。如果是從其他供應商購買產品，也同樣需要確保供應商誠信穩定。

2.產品定位

　　革命性的產品或服務千載難逢，很難碰到。我們所能銷售

的都是市場上常見的，別人也都在銷售的產品。你的產品有什麼不一樣的地方？用戶爲什麼要從你這裏買，而不從其他網站買？你的產品賣點在什麼地方？產品的適當定位決定了網站的目標，用戶群，以及很多行銷策略。

3.網路行銷手法

不能認爲有了一個好的產品自然而然會有人來買，自然而然就確立了完整的贏利模式。網站運營者必須在確立產品的同時想好怎樣進行網路行銷？怎樣吸引目標市場的人來到你的網站？先建起網站再說的想法往往是失敗的開始。

4.競爭壁壘的建立

你的網站賺了錢，也許你的網站運營、產品或行銷方面有一些不同凡響的地方。這既是應該祝賀的成功，但也是危機的開始。因爲網上將會有很多人開始模仿你，抄襲你，希望超越你。你將怎樣建立競爭壁壘，抬高競爭者進入的門檻，把儘量多的人擋在這個行業之外？是專利技術？還是最貼心的服務？還是你的獨家設計？還是在本地區的獨家代理權？

5.可擴展性

世事多變，網上變得比線下更快。剛開始策劃出很好的贏利模式，很可能隨著新技術的出現，流行趨勢的變化，目標市場的整體變化，迫使你不得不改變自己的贏利模式。網站運營的各個方面是否具有擴展性和靈活調整的能力就顯得非常重要。

在網站上賣自己的產品或服務，作爲一個贏利模式非常直接簡單，但操作時要考慮的問題更多，難度也更大。

二、第二種模式是賣廣告

第二種贏利模式，賣廣告，似乎是國內很多網站的主流。以賣廣告爲贏利方向的網站，自然希望要大的流量，才能有高的點擊數。

廣告有不同種類，有的按點擊率算錢，有的按頁面流覽數算錢，有的按月或年付固定金額。不同的廣告類型也就帶來了不同的贏利技巧，有的時候提高流量是重點，有的時候提高點擊率是重點。

做網站吸引流量，然後賣廣告，這個門檻不高。很多站長用免費 CMS 軟體，四處去搜集或採集一些內容，放上廣告代碼，就完成了。這種方式想賺點零花錢，問題不大，若想以此爲生，就比較困難了。

運行電子商務網站賣自己的東西，我們假設轉化率是 1%，100 個流量，有一個人買了你的產品，因爲一般在網上銷售的產品，不會是幾毛錢的東西，所以利潤至少應該是幾塊錢。

靠點擊廣告賺錢，現在面臨的問題是廣告價格越來越低，廣告點擊率也越來越低。每一次點擊的價錢，可能低至幾分錢。100 個流覽者，靠賣廣告得到的收益與電子商務網站相比差距很大。

從另外一個角度看，網站靠賣廣告一旦成功，它的潛力無窮。Google 就是靠廣告，除此之外還有很多大的網站。而前不久，紐約時報網上版剛剛取消收費訂閱，內容全部免費提供，

贏利模式也轉向網上廣告。

　　網站靠賣廣告贏利的運營維護成本很低，沒有進貨發貨，客戶服務等一系列問題。一個成功的靠賣廣告贏利的網站又是最容易運行的，不用投入太多的精力，網站自動賺錢，簡直是站長的夢想的贏利方式。但成功幾率很低。

　　想靠廣告賺錢，可以從以下三個方向考慮。

1.你有絕活，能吸引大量廉價流量

　　如 Google，它已經變成世界大部份人上網的入口，想找信息必去的地方。而紐約時報有大量精彩內容，並且現有用戶群龐大。這些網站都有自己獨特的地方，能吸引巨量廉價流量。

　　有一個汽車網站免費提供汽車經銷商進貨的價格。這種信息通常是保密的，很少有人會免費告訴你，因為這將會使經銷商沒錢賺。這個站長花錢買下這些信息，免費放在自己網站上。結果汽車愛好者把他的網站當做是可靠的信息來源地，流量劇增，廣告收入隨之而來。

2.吸引高度精確的有商業價值的流量

　　網站主題越寬泛，越娛樂化，廣告價值就越低。這不僅適用於 Google Adsense 這類 PPC 競價廣告，也適用於與廣告商直接達成交易的網路廣告。如果你的網站流量都是有某種愛好的特定人群，並且有消費力，廣告商就願意付更高的價錢。

3.靠廣告賺錢也可以考慮多種管道

　　有的站長一提網站賺錢就是 Google Adsense，其實也可以考慮其他方式，比如與廣告商直接達成交易、參加連署計劃。這些廣告方式互不衝突，應該在網站上充分實驗，看那一種收

益最高。

與廣告商直接交易其實是最划算的，不過小而娛樂化的網站很難被廣告商看上，所以又要回到前兩種情況：要麼流量大，要麼用戶群定位精準。

心得欄

3

尋找足夠大的利基市場

　　想在網上創業的個人站長和中小公司一定記住一句話：與大公司或大網站正面衝突競爭是找死。

　　無論你覺得自己的產品多好、多特殊，無論你覺得自己的點子多高明，都不要與行業領先的公司正面競爭，否則凶多吉少。網上創業從利基市場開始才是正途。

　　有兩類網站不適用這個原則。一類是有實力的大公司或人物，能找到風險投資，光網路廣告也許就能砸進幾千萬。另一類是要把生意做到網上的傳統行業企業，由於產品是已有的，不太容易做出改變。但研究利基市場對傳統行業尋找突破點，以及制定網路行銷策略也有借鑑意義。

1.避免與大公司競爭

　　與大公司正面競爭之所以凶多吉少是因為大公司具有的優勢，這三個優勢足以把任何一個新出現的競爭對手給壓垮。

　　大公司歷史悠久，銷售管道穩固。新進的尤其是小型的競爭者，很難進入由大公司控制的銷售管道。大公司之所以能佔據眾多超市的貨架，往往是因為龐大的銷量及給予批發商零售

商各種各樣的回扣，以及行銷上的幫助。小型競爭者要把自己的產品放上商場貨架，其成本完全不是自身利潤所能承擔的。

很多提供企業服務的人都知道，大公司的錢好賺，因為他們的預算往往是幾百萬甚至幾千萬。要想消滅新的競爭者很簡單，劃出幾千萬預算做廣告或者促銷，就把小型競爭者衝的一塌糊塗。對大公司來說，幾千萬預算對他們成本構成卻沒有很大影響。

在其他所有條件完全一樣的情況下，就算你的產品已經展現在消費者面前，絕大部份用戶一定選擇自己知道的牌子，而不會選擇你新推出來的產品。

大公司的這些優勢，無論是線上線下都一樣。有時在論壇中會看到有人聲稱自己有絕妙的創業點子，誠招合作夥伴，有的時候點子還要保密。說實話，沒有什麼點子是需要保密的。再高明的點子，加上最出眾的才能，都不足以使你成功。就算你的點子確實高明，當你開通網站小有成績時，大公司看到確實有利可圖，隨便投點資金就能把你壓垮。

2.利基市場——夾縫中生存

所以要想在網路上創業，你一定要找到那些大公司根本看不上眼，看到你賺錢也懶得和你競爭的利基市場。

利基市場(niche market)是指那些高度專門化的需求市場，大公司經常忽略或無法進入的市場。可以說，利基市場就是存活於大公司的縫隙之間。

之所以在利基市場上，要能避免大公司的競爭，首先是因為小公司靈活快速，無論是產品研發，還是遇到市場變化時的

轉向，都比大公司迅速得多。當大公司的新產品計劃還在等著各級上報簽字時，你已經站穩腳跟佔領市場。

另外一個更重要的原因是，大公司的運營成本高，需要更高的巨額利潤才能維持。在一個利基市場，你和你的兩三個創業夥伴可能一年銷售 300 萬。雖然沒有發財，但是也算過得很滋潤。但是一年幾十萬一般還不夠支付大公司一個行銷副總裁的工資，這樣他們當然不會與你來搶這個飯碗。在這種利基市場上，大公司明知道你能賺錢，也無法進來與你競爭。

利基市場也經常有培育壯大的可能性。等這個利基市場規模擴大到大公司感興趣時，你已經成為這個市場的品牌領導者，就算大公司想分一杯羹，你也有了一較高下的能力，不至於束手待斃。

以 SEO 市場為例。SEO 搜索引擎優化是個高度競爭的市場，要確立行業地位得付出很大的努力和時間，有時候不一定符合公司整體戰略。但做 SEO 的人或公司也不一定一下成為整個 SEO 行業的專家，可以考慮這些劃分更細的利基市場：

· 專做專家訪談的 SEO

· 翻譯英文資料的 SEO

· 專長提供有價值工具的 SEO

· 專長使用博客的 SEO

· 專注本地區的 SEO

· 專長某個 CMS 或購物車系統的 SEO

· 專長 Yahoo! Stores 的 SEO

· 專長易用性分析的 SEO

· 專長 Adwords 投資報酬率跟蹤分析的 SEO

· 分享搜索引擎戰略大會文字記錄的 SEO

· 做卡通的 SEO

· 提供 Firefox 插件的 SEO

· 專門談論專利技術的 SEO

· 擅長優化動態網站的 SEO

· 專門提供入門教材的 SEO

· 專門非贏利組織做 SEO

· 專長數據庫的 SEO

這些都是真的有人專注在做，並且成爲專家。

3.利基市場與網路行銷

尋找和定義利基市場，不僅是爲了容易生存，也能爲網路行銷活動提供依據。

尋找到適當的利基市場，你才能夠清楚地知道你是在向那個目標市場進行行銷活動，你才知道應該選擇那些網路行銷管道和手段，你的時間精力和有限的廣告預算應該花在什麼地方。

假設你是賣服裝的，如果你覺得你的市場是所有需要穿衣服的人，你要做廣告的地方大概只能是電視臺。但是如果你進入的是利基市場，比如專門賣小女孩的連衣裙，那麼你就清楚地知道你的廣告預算應該主要花在育嬰育兒類網站，你的時間應該花在年輕母親聚集的論壇上。

清楚定義了利基市場，你才可以調整網站上的內容及設計，以適合你的利基市場。不同的人群有不同的購物特點，在網站上就需要採用不同的文字、標題、圖片、顏色來最大限度

地打動目標利基市場的心弦。但常由於目標市場太過寬泛，你的銷售文字往往就會空洞無物。雖然試圖取悅所有人，卻變成對所有人都沒有吸引力。定義明確的利基市場，也可以使你更容易成為本領域的專家。要想瞭解本行業的所有知識得花很多時間。領域越聚焦，你越容易成為專家，受到尊重，取得潛在用戶的信任。

假設你想開設賣襯衣的網站，如果想正面與大網站競爭，除非你能砸進幾千萬的廣告預算，招募到最高水準的網路行銷團隊，否則前途渺茫。但是你可以考慮將襯衣做市場細分，專門做滿足特定人群的利基市場。比如：

- 專做小男孩襯衣，專門做女士襯衣，甚至做中性襯衣。現在大家好像目光都集中在男士襯衣市場。
- 專門做最高檔襯衣，別人賣 68 元初體驗，你就賣 680，甚至 6800 頂級體驗。
- 專門賣特殊尺寸襯衣，加肥，袖子加長。
- 專門賣絲綢襯衣。
- 專門賣各種黑色襯衣，或什麼其他顏色。
- 或者專門賣具有印度風格的花襯衣。
- 專門賣軍用襯衣。
- 專門賣防輻射襯衣。
- 專門賣特殊材料驅蚊避蟲襯衣。
- 專門賣禮品襯衣,可以把客戶名字繡在領口或口袋上等。
- 專門賣配有黃金紐扣的襯衣，或者其他什麼特殊材料做成的紐扣。

　　·專門賣情侶襯衣，兩件一大一小，完全一樣，配上一定
　　的情侶標誌。

4.足夠大的利基市場

　　網上創業的人對於利基市場很可能有一種恐懼，害怕利基
市場會限制了自己的銷售。其實利基市場只能讓你行銷活動更
精準，網站轉化率更高，利潤率更高。

　　沒有什麼網站是真正滿足大眾需求的。要想建立成功的、
贏利的網站，你就必須精準地找出你的目標利基市場，找出你
的目標用戶面臨那些問題？需要什麼產品或服務？然後你再去
發展這項服務或產品，提供給你的目標市場。

　　追求流量，追求適合所有人或大部份人需求的網站，是最
費勁的、成功可能性最低的商業模式。

　　有的人怕目標市場太小、用戶群太小，最後做不大。

　　有一個網站，他的目標市場看起來是非常狹窄的。他在這
個網站上賣汽車配件，只賣賓士的汽車配件，而且只賣賓士車
上的標牌。

　　可以想像這個目標市場是多麼的精準。它只服務於那些擁
有賓士車，並且是車上的標牌被人偷了的人。他的網站設計也
非常簡單，就兩頁內容，但他這個網站每個月的利潤是十萬元。

　　所以想做電子商務的人根本不要考慮目標用戶群是不是太
小了。實際上目標用戶群小是個優勢，你可以更方便、更準確
地找到你的用戶，可以更專業化地提供他們需要的產品或服務。

　　利基市場有時會成長為大市場。最初的目標利基市場看起
來比較小並不意味著這個行業做不大。微軟夠大吧，但仔細想

想，它是爲大眾服務的嗎？不是。它其實只服務於它自己的並不寬的目標市場，也就是使用個人電腦的人。當然現在這個目標市場已經很大了，但幾十年前這個目標市場沒有現在這麼大。

微軟也不是什麼都做，它只賣電腦軟體，尤其是作業系統。這並不意味著微軟不能幹別的。比爾・蓋茨可能投資房地產，可能投資飲食業，但他一定會建立單獨的公司或投資於其他的公司，不可能在微軟內成立一個單獨的部門去幹這些。

當然利基市場也不能劃分的太細，還必須有一定的市場規模，足以產生一定的銷量和利潤。在網上最容易做到的就是聚焦於某類特殊產品，但是把全國作爲市場。需要某類特殊產品的在某一個城市可能不多，但放在全國一般都能足以支撐一個不錯的利基市場。

比如說，全國因爲手臂比普通人長，所以需要袖子加長襯衣的人數和需求應該不少。在快遞物流已經比較發達的今天，在全國範圍滿足這些人的需求與只服務於本地區差別不太。

心得欄

_____

_____

_____

_____

_____

4

獨特賣點的提煉和展現

　　尋找一個可定位、可行銷的利基市場，目的是儘量避開競爭，尤其是來自大公司的競爭。最好能提供別人不提供的產品或服務給一個有需求的市場。

　　不過，要想完全避開競爭是不現實的。如果你真的找到一個不存在競爭的利基市場，這個市場的規模還足夠支撐一個不錯的行業，那麼要麼你是一個天才，創新出了天才的產品，要麼是你的誤判。

一、為什麼從你這裏買

　　就算你尋找到利基市場，最後也少不了有其他競爭者。你的產品恐怕也不會特殊到非從你這裏買不可。在這種情況下，你所提供的產品或服務與競爭對手相差不多，用戶為什麼要從你這裏買？為什麼不從其他網站買？這是個問題。尤其你是在創建一個新的網站，面對雖不是很強大但也有一定基礎的競爭對手時。

　　很多人這時往往想到的就是價格，爲了進入市場，降價打折送禮券。作爲短期的促銷手段，這無可厚非。但是如果你的網站除了價格之外，其他地方都和競爭對手差不多，這是一個很危險的信號。靠價格戰獲得用戶，結果無非就是兩種：要麼你有足夠的財力，能把所有競爭對手拖垮，要麼賠本賺吆喝，利潤越來越低，最後被更有實力的競爭對手拖垮。

　　在產品和服務都差不多的情況下，最重要的市場策略就是獨特賣點的提煉和展現。甚至可以說重要的不在於你賣什麼，而在於你的賣法和別人有什麼不同。你必須尋找到一個說法，這個說法是你獨有的，別人那裏都得不到的，用戶才能把你從眾多賣家中區分出來，留下印象。

　　關於獨特賣點，最常提到的例子就是達美樂匹薩。達美樂匹薩創建於 20 世紀 60 年代，當時在速食行業中面對麥當勞、必勝客、肯德基等對手，達美樂選擇了一個在當時從沒出現過的口號：30 分鐘之內，熱騰騰可口多汁的匹薩就會送到您手上，否則免費。匹薩這種食物本身其實可以稱爲獨特的地方幾乎沒有，而且食物是否合口味也挺具有主觀性，脆一點好還是軟一點好？辣一點好還是甜一點好？不同的人愛好不一樣。所以從食物本身很難找到獨特賣點。達美樂就從配送下手，提出30 分鐘之內送貨，30 分鐘沒到的話就不收錢。這是當初非常獨特的行銷手段，其他速食公司都沒這麼做過，所以一經推出就很快受到消費者的注意和歡迎，也成了達美樂區別於其他所有競爭對手，很有差異化的標誌。

二、那裏尋找獨特賣點

理論上，獨特賣點的觀念大家都是贊同的，但在實際運用時，很多企業卻往往流於形式，所提出的所謂獨特賣點，其實只是一些寬泛雷同的口號。諸如：

· 我們的產品品質過佳——那個公司又會說自己的產品品質不好呢？大家品質都過佳，沒什麼獨特的地方。

· 我們提供完整的解決方案——那個公司也不會說我們提供的服務不完整。

· 客戶就是我們的上帝——所有的公司都標榜自己的服務好，都說客戶是上帝，誰也不提從客戶那裏賺錢的事。

· 我們的產品物美價廉——誰也不說自己的品質次佳。

還有上面提到的價格便宜也不是一個有差異性的獨特賣點。不僅因為低價策略長久來說是危險的，而且你今天在市場上價格最低，明天其他公司就能賣得比你價格還低。削價是所有網站都能做到的事，談不上有什麼獨特的地方。

要想吸引用戶的目光，就得想出一個真正和別人不一樣的主意，也就是獨特的賣點。這個特殊點可能很微小，但必須要做到別人沒有。可以考慮的方向包括以下幾個方面。

1.市場上的第一個

任何事情的第一名都最吸引目光。大家都會記住奧運金牌得主，銀牌銅牌得主那怕成績與金牌只差一點點，被記住的可能性卻相差十萬八千里。第一名就是資歷，就是別人奪不走的

獨特之處。

在機場高速路上看到一塊大型看板，上面寫著「開利，全球冷氣機專家」。這樣的廣告語實在不敢恭維。專家這樣的帽子，誰都能拿一頂往自己頭上戴，並不能把開利與其他冷氣機生產廠家區別開。這是一個各種頭銜氾濫的年代，更不要說是自封的頭銜。其實開利冷氣機最好的、最獨特的賣點是別的品牌根本不具備的，那就是「開利，冷氣機是我們發明的」。這是一件事實，發明冷氣機的頭銜沒辦法被別人奪走，它所暗示的權威地位也遠比所謂專家更高。這是任何一個競爭對手都沒辦法模仿的，並且是具有強大說服力的獨特賣點，可惜並沒有被廣泛使用。

2.創造和擁有新的產品特性

在所有產品都趨於同質化時，任何一個新的產品特性都會使你的產品與其他競爭產品區別開。當所有洗髮水在人們的印象中都已經定型，功能沒什麼區別時，海飛絲把自己標誌為去頭屑洗髮水，這是一個嶄新的產品功能。雖然這個特殊性陸續被其他廠家和產品模仿和抄襲，但是最先提出這一功能的還是會在用戶頭腦中留下最深刻的印象。

日用品比較容易在產品特性和功能上有創新，牙膏是另外一個例子。本來牙膏的功能比較單一，在用戶頭腦中印象也如此，無非就是清潔牙齒。但是當一個品牌的牙膏提出新特性時，就足以與其他品牌相區別。諸如抗過敏牙膏、殺菌牙膏、防齲齒牙膏、美白牙膏。現在這些概念都已經很大眾化，但每一種功能剛提出來時，都曾經是其他牙膏不具備的特殊賣點。

3.歷史傳統

有些產品和品牌具有深厚的歷史傳統，這是時間金錢堆積出來的，很難被其他產品所替代。而擁有這種傳統歷史的品牌也應該不斷加強這種傳承，把它塑造成競爭對手永遠無法具備的獨特賣點。比如可口可樂，可口可樂與百事可樂一直是一對冤家，但可口可樂一直強調自己是 The Real Thing，即是原本的那個可樂。這個觀念的不斷加深，使很多消費者認為所謂可樂類飲料指的應該就是可口可樂。

可口可樂也曾經嘗試推出新可樂，希望佔據更多青年人市場。但事與願違，所謂新可樂看不出有什麼新的地方，卻削弱了可樂的歷史傳統。新可樂的推出使可口可樂的品牌弱化，逼迫可口可樂公司又回到強調 The Real Thing 的道路上。相對地，百事可樂則一直強調自己的年輕時尚。

蘋果電腦也是一個具有歷史傳承的品牌。蘋果電腦就意味著時尚、新潮，這一概念已經在用戶頭腦中形成定勢。蘋果無論是推出 iMac、iPod、iPhone，都有蘋果愛好者追捧。

4.市場領先地位

有的時候市場佔有率第一本身就是個很好的賣點。比如中國的「百度」，在搜索引擎市場百度不是第一個，產品品質上百度也談不上是最好，搜索領域本身的創新也很少由百度開始。但是百度有一個競爭對手都沒有的獨特性，那就是超過一半的市場佔有率。當百度開始進入市場時，需要綜合運用多種推廣手法。如今已經佔領大部份市場的百度，只要強調自己的市場佔有率，就已經使很多用戶不得不選擇百度。

用戶都害怕做出錯誤選擇，所以常常會隨大流選擇那個市場佔有率領先的品牌。如果一個品牌告訴用戶，每三個人當中有兩個是用我們的產品，這對用戶就是個強大的心理暗示，不選擇這個產品就可能意味著做了錯誤的選擇，自己成爲不明智的少數分子。雖然這種邏輯很多時候並不成立，但害怕做出錯誤選擇是人的共性。

5.產品製作過程

現在很多產品都是大規模工業化生產，製作過程相差不多。這就使得某類手工製作或家庭作坊製作的產品，有可能使自己的獨特製作過程成爲別人不具備的賣點。我們都知道瑞士手錶價格高，其中重要的原因之一就是標榜手工製作。從手錶的實用功能上來看，手工製作還是大規模生產，對計時準確性有什麼影響嗎？應該沒有。但手工製作就是一個不一樣的地方。

上個世紀 20 年代時，施樂茲(Schlitz)牌啤酒在市場佔有率只佔第五位，施樂茲聘請霍普金斯做行銷顧問，希望能夠提高品牌形象及市場佔有率。當時所有的啤酒商都標榜自己的啤酒最純，但所有的啤酒廠商都沒有解釋純到底是什麼意思。霍普金斯做的第一件事就是到啤酒廠參觀，對在啤酒廠看到的一切大爲驚訝。施樂茲啤酒廠就在密西根湖邊，那時候的水還很清澈，沒有受到污染。但是施樂茲還是在湖邊挖了深達 4000 英尺的井，獲得最乾淨、最純的水。然後這些水被過濾和蒸餾。這些水都是被加熱然後冷卻完成蒸餾過程 3 次，蒸餾設備巨大，價格昂貴，每天需要清理蒸餾設備兩次，以確保水的純度。所有裝水的瓶子也都經過蒸汽消毒，而且流水線不是兩次，而是

4 次之後才用來裝水和啤酒。工廠還進行了 1000 多次實驗，找到最好的發酵配方。

堆普金斯對看到的一切非常驚訝，問他們：爲什麼不把這些告訴客戶呢？施樂茲的反應是：所有的啤酒廠都是這麼做的呀。但是所有的啤酒廠都沒說這件事，客戶也就都不知道這件事。堆普金斯策劃了廣告活動，把施樂茲啤酒的釀制過程詳細解釋給用戶，成爲施樂茲啤酒的獨特賣點。幾個月內，施樂茲啤酒市場佔有率從第五上長到第一。

三、重要的是表達

有時你的產品和競爭對手的產品差別不大，無論是設計、材料、品質、製作過程、功能，全一樣，但你還是要找出一個獨特賣點。這時重要的不是產品本身，重要的是你怎麼表達。

同樣一句話，同樣一個意思，同樣一件事，換一個說法，留給人的印象其實大不相同。獨特賣點有時是確實存在的事實，其實只是一個觀感、一個印象，或是一個說法的不同。

比如賣男士襯衫。男士襯衫是一個高度同質化的產品，不像女生服裝，設計面料上的差別很大，男士襯衫變化很少，獨特性就在於你怎麼表達。提出「468 元初體驗」這樣的口號，就是一個不錯的賣點。無論是 468 元、478 元，還是 568 元，那個也不比另一個特殊。但重要的在於，你提出了一個別人沒提出的口號。重要的不是 468 元還是 568 元，重要的是你以鮮明簡短的詞句，把這個消息傳達給了用戶。這個信息就是你與

其他網站的不同之處，其他網站總不能說我們也 468 元吧。

在美國租車市場上，赫茲公司一直是龍頭老大。位於第二位的 Avis 公司提出一句很精彩的獨特賣點：我們是第二，所以我們更努力。

市場第一是個獨特賣點，Avis 卻喊出我們是第二，並把它變成自己的獨特之處。這就是一個通過獨特的表達方式展現獨特賣點的典型。

做網路行銷不可避免地會遇到競爭對手，網站上賣東西的門檻低，你明白這一點，別人也都明白。要想從眾多競爭對手中脫穎而出，就要仔細審視自己的產品或企業，有什麼是自己獨有的？有什麼是用戶只能在你這裏得到的？強化這個獨特性，把它變成一句簡短有力的口號，用到所有網路行銷手法中。

如果你的產品或服務實在沒有什麼特殊的地方，至少你要找到一個獨特的描述，讓用戶有一個不一樣的觀感，那怕這只是形式上的。

心得欄

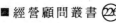

5

賣產品還是賣服務

賣服務優勢是啓動成本低、無須進貨、沒有庫存，只要你個人或員工有一技之長，就可以開始了。

賣產品則通常需要一定的啓動資金，總要有貨可賣。如果是自己生產的產品，至少要投入時間研發製造產品。如果是別人的產品拿來賣，總要進貨。所以賣產品的門檻稍微高一些。

長久來說，賣產品比賣服務更有潛力。賣服務本質是出賣時間，所以可擴展性有限。一個人一天能賣一百塊錢服務的話，要想賣到一千塊錢的營業額，要麼得找十個人在一天完成，要麼就要一個人十天完成，基本上沒辦法減少時間或人員上的可變成本。賣產品則不同，無論是完全自己生產還是從供應商進貨，處理一件產品和處理一百件產品的人員成本很可能是一樣的。從銷售一件擴展到一千件，所需要增加的成本不會是成線性增長。所以賣產品比較有後勁，對未來的發展限制比較少。

在可能的情況下，賣服務需要考慮以下兩種情況。

1.賣高端服務

如果你所擁有的是非常專門化的技能，儘量把你的時間出

賣給高端市場,而不是把自己當做勞務人員。這種高端服務所
出售的不是提供服務所花的時間,還同時出售了你的所有經
驗、大學的學費、受過的培訓、累積的人脈、因為服務所花的
時間而喪失的其他機會、參加研討會的旅費、上網學習新知識
甚至泡論壇的時間成本、自己以前犯錯誤賠的錢,等等。

有點兒可笑嗎?你參加行業大會的費用最後都得算在客戶
的服務費裏?仔細想想,這才是正常的。沒有你以前積累的一
切,花費的時間和金錢成本,那有你的專業技能?相信大家都
知道那個著名的粉筆畫線的典故:

福特汽車公司的一台電機出了毛病,請一堆人修也修不
好,最後請來著名的物理學家、電機專家斯坦門茨幫助。斯坦
門茨檢查了電機,然後用粉筆在電機外殼某處畫了條線,對工
作人員說:「打開電機,在記號處的線圈減少 16 圈。」福特汽
車照做,電機果然恢復正常。

斯坦門茨給的賬單是一萬美元。畫條線就收一萬美元?要
知道那時候普通員工的月薪還不到 100 美元。斯坦門茨解釋:
「畫一條線,1 美元;知道在那畫線,9999 美元。」

提供高端服務時,要把自己當做最好的律師、最好的醫生、
最好的理財專家。你收取的服務費用本質上不是按花費的服務
時間計算的。你收取的費用是按給用戶提供的價值計算的。你
的一個小時可能解決客戶在其他地方花 1 萬元也解決不了的問
題,你就應該光明正大地收取 1 萬元服務費。

要記得,你的服務是不可擴展的,你的時間是最寶貴的。

2.把服務轉化成產品

　　這要動一點腦子。有的時候看似只能是提供服務的技能，其實可以轉化成產品。比如你是一個健身教練，除了直接去教健身，有沒有可能賣健身 DVD、書籍？

　　以前有一個客戶，他在遊輪上工作了十多年，所以對那些遊輪旅遊內幕瞭若指掌。他想做個網站幫用戶安排最好的遊輪旅遊配套。

　　他知道那個航線最好玩，船上有什麼免費的好東西，那些遊樂項目實際價值最高，服務業者能提供的最低價格是多少，這些竅門外人無從知曉。遊輪旅遊的花費經常要幾千美元，用戶不會在乎花幾十塊錢買一本內幕書，又能節省費用，又能找到最實惠好玩的旅遊配套。

　　他在這個行業待了很久，這些內幕竅門對他來說是想當然的，但對普通人來說就不是想能想出來的了。他寫這樣的書很簡單，輕車熟路，只有 20 多頁，賣 47 美元一本，銷售還很不錯。更重要的是，賣電子書一切都自動化，網站建好，做網路行銷，幾乎沒有客戶服務問題。這比提供旅遊諮詢服務省事多了，如果真的去幫用戶建議安排遊輪旅遊服務的話，每一個用戶都是一個個案，你要花時間一個一個去服務。

3.瞄準市場

　　在行銷學到的重要心得，至今還深深影響的是：要先找出目標市場，然後再考慮產品。

　　很多企業和個人站長最容易犯的錯誤就是，研發或找到一種自己覺得不錯的產品，然後再去市場上徵求意見、試銷。更可怕的是，有了產品，再琢磨市場在那兒。

這種產品有可能是研發部門技術人員的靈感，也有可能是企業覺得某某產品應該受歡迎。但實際上是不是用戶所需要的產品呢？只有等產品開發出來，才能拿到市場上檢驗，有的時候結果是失敗的。

對一個小企業或者想運行電子商務網站的個人來說，完全應該走另外一條道路，那就是先找出目標市場，再開發產品。如果你賣的產品是目標市場人群一直在主動尋找的，用戶已經告訴你他們想買你的產品，你銷售的阻力自然小得多。

為什麼網上賣賺錢竅門、減肥美容等產品非常多，而且銷量及利潤率都很高，因為大家都對財富、健康、儀表有需求。

首先要抹去對任何產品的偏好，不要假設某一個產品肯定會受到歡迎，更不要無緣無故地就愛上自己的產品。雖然是自己的心血，但別人的想法可能和你不一樣。從自己的興趣出發，去論壇、新聞組、博客裏看看跟你愛好相同的人都在討論什麼？他們有什麼需要？有什麼困難？有什麼焦慮？那些問題問得最多？把這些問題都記下來，然後問問自己：我能幫他們解決這些問題嗎？如果能的話，是通過某種產品嗎？這時候你就找到了一個最有前途的產品。

具體研發某個產品可能已經超過個人或小企業的能力。但現在這個時代，瞄準目標市場難，找到某種產品不難。大部份情況下，在某個地方有某個企業，就在生產你想要的這種產品。你要做的就是挖出這種產品，然後提供給需要這種產品的人，來解決他們的問題。

Corey Rudl 是個賽車愛好者，經常流覽關於車的論壇、新

聞組，他發現很多人都在問去那兒買賓士車上的那個標牌？相信國內也有不少車主有這樣的煩惱，美國賓士車主經常發現自己的標牌某天就被人拔掉了。想買這個標牌的人還真不少，不過賣車的公司又不屑於賣這小東西，所以還不好買。Corey Rudl就建了一個只有一兩頁的網站，專門賣這個標牌。貨源其實很簡單，直接找賓士美國分公司就行了。目標市場精準的另一個好處是，網站推廣簡單，目標明確。直接在車主們聚集的論壇發帖子就行了。這個網站帶來的利潤在每個月十萬元以上。

心得欄
_____
_____
_____
_____
_____
_____

6

後續銷售概念和應用

後續銷售(英文是 backend sales)指的是客戶完成第一次購買後，商家再找出其他東西，吸引用戶繼續購買。後續銷售是低成本或無成本最大限度擴大銷售及提高利潤的最佳方式。

後續銷售的產品最容易想到的是同一個網站的其他產品。比如在網站上，用戶第一次買書後，網站可以通過後續銷售向同一個客戶推銷其他書籍，可選擇的書籍數量龐大。

後續銷售也可以是通過連署計劃銷售第三方網站的產品。可以說連署計劃是終極後續銷售管道。

後續銷售還可能是同一個商家所開發出來的其他產品，完全可以是與第一次購買不太相關的，甚至是在另一個新網站上銷售的產品。

1.賠本獲得客戶也能最終贏利

很多網站的贏利模式是建立在強大的後續銷售的基礎上。也就是說，用戶的第一次購買，只要保持收支平衡，那怕不賺錢也可以。假設獲得一個用戶的行銷成本為 100 元，第一次在你網站上購買的產品成本是 50 元，那麼在客戶第一次購買時，

可以把產品定價定爲 150 元,不賠不賺。但是用戶的後續購買,會讓企業獲得更多利潤。而根據企業歷年的統計數字發現,一個客戶平均會持續 3 年不斷向網站購買不同產品,平均可以產生高達 2000 元的利潤。

如果行銷成本及後續銷售數字計算比較精確(比如商家已經在同一行業銷售數年,可以得到穩定的統計數字),甚至可以賠本吸引用戶產生第一次購買。就算個別用戶只購買一次,但是在統計的角度來看,平均每個用戶都會在後續銷售中爲企業帶來更多利潤。可以說第一次銷售時賠本是獲得這個客戶及最終獲得贏利的基礎和必要條件。

在 Internet 上,購買用戶名單是一個常見的方式。向其他商業網站或新聞門戶購買用戶名單,第一次購買是不存在的,或者說銷售金額爲零。那麼第一次獲得這樣的用戶時一定是賠本的,但是只要運用得當,獲得用戶就意味著有無限後續銷售的可能。

2.獲得第一次客戶信任成本最高

無論是在網上還是在線下,獲得一個新客戶的成本是最高的。據報導,銀行要獲得一個新用戶的成本在 200～300 美元左右。銀行需要投入巨額廣告預算,組建銷售部門,在商場、展會甚至馬路上建立展臺,向潛在用戶推廣。還可能要提供免去頭兩三年信用卡服務費,甚至需要直接送禮物、購物券等,才能吸引到一個客戶。

在網站上成功吸引一個客戶的費用,比維護一個現有用戶的費用要高得多。這也就是爲什麼很多競價排名廣告商願意花

一個點擊幾十美元，購買流量和潛在用戶，比如房地產、法律服務、某些慢性病藥物、脫髮治療、減肥網站等。大家可以計算一下，假設 20～30 美元一個點擊，網站轉化率是 2%的話，獲得一個用戶的廣告成本就有上千美元之高。

而一旦網站流覽用戶轉化為本站的付費客戶，再次向其銷售相關產品，甚至其他不相關的產品，則幾乎沒有廣告成本，轉化率也極大提高。據統計，同一個商家推出與第一次銷售不相關的產品時，有30%左右的現有客戶會購買新產品。

在網路上，成功轉化用戶的關鍵，是說服用戶信任你和你的網站，這一點網上比在線下更重要。用戶一旦在你的網站上產生了第一次購買，說明他已經信任了你的網站，心理防線已經徹底拆除。只要你提供了令客戶滿意的產品和服務，向同一個客戶推銷更多產品，難度將大大降低。

3.後續銷售實例

有一個經典的後續銷售案例：

一個客戶運營銷售紀念錢幣的網站。這是一個比較專業化的行當，有些錢幣價格相當昂貴。以 19 美元向潛在用戶銷售一種稀有的錢幣。實際上按這個價格銷售，站長每賣一個錢幣就虧幾塊錢。站長賠本賣了 5 萬個錢幣，獲得了 5 萬個客戶。接著後續銷售的威力開始顯現。這 5 萬個客戶裏有 1 個客戶又來到他的網站，購買了 1000 美元以上的錢幣，站長每 3 個月再向這一萬個購買 1000 元以上錢幣的客戶發一封電子郵件，推銷更貴的錢幣，其中又有 1500 個客戶來到他的網站上，購買了 5000 美元以上的錢幣。

從這個例子就可以看出後續銷售的威力。按賠本價格獲得客戶，最終獲利數百萬美元。

不少人每天都收到大量推銷培訓的垃圾郵件。很多正式的卻不實用的培訓，其贏利點也在於後續銷售。網路上很多各個領域的專家組織2～3天的集中培訓，常常可以每個人收費2000～3000美元。

有一些專家卻組織免費培訓，而且在網站、報紙、雜誌大張旗鼓做廣告宣傳。在報紙上就經常可以看到這類培訓，其中以網路行銷、網上賺錢、股票期貨買賣、個人勵志等為最多。免費組織這種培訓，還要支付場地租用、培訓材料製作等費用，成本相當高，那麼他們的目的何在？就是通過後續銷售產生更大的贏利。在這類培訓會上，專家們一定在講述基本技巧的同時，有意告訴聽眾們要想得到更高級、更深入的技巧，請參加我們的三天付費培訓；或者直接購買一對一的顧問服務；或者這裏還有軟體可以賣給你使用，當然軟體價格更是不菲。參加了這樣的培訓會後，尤其是本身就已經付費的培訓會，行業專家們會再次向同一批參會客戶推銷其他產品，獲得成功的阻力比向一個陌生人推銷要低得多。參加過這類培訓的人都知道，接下來幾個月你會不時地受到各種高級培訓、軟體、電子書、私密論壇、會員網站、個人諮詢等各種信息的誘惑。

這種後續銷售方式已經被證明是非常成功的。

針對特定客戶群，研究他們可能需要的任何產品，不一定局限在你的網站目前正在提供的產品。

在策劃網站時，如果可能的話，應該儘量想好後續銷售問

題。假設你的網站銷售高爾夫球具，你應該設想打高爾夫球的人還可能需要那些其他產品或服務，然後自行開發，或者通過連署計劃、商業合作，提供客戶所要的東西。可能是私人俱樂部會員卡，可能是汽車保養服務，可能是飯店機票訂購服務，也可能是金融保險服務。

4.與客戶保持聯繫

或許你的網站一時還找不到後續銷售產品和點子，但也要與現有客戶保持聯繫。

吸引用戶訂閱電子雜誌，節假日向客戶發送一封問候郵件，客戶生日時發送祝福。就算沒有任何附加產品或服務可賣，也要不斷提醒客戶有你這麼一個網站，並且已經從你這裏買了產品，不要讓客戶忘了你的網站。當你開發出或尋找到後續銷售產品時，簡單地向現有客戶發送一封郵件，就可能使你的新產品線或新網站快速步入正軌。後續銷售是 Internet 上應用極為廣泛的一種行銷模式，在網路行銷行業中討論得還不多。讀者一定要確立一種觀念：第一次銷售不賺錢，甚至賠本都沒關係，你的目的是獲得客戶，然後通過後續銷售賺錢；忠誠客戶是網站最大的利潤來源，網站運營者頭腦中一定要有後續銷售的計劃和觀念。

7

提升銷售的應用

提升銷售也是一個讓用戶買更多東西、掏更多錢、商家賺取更多利潤的手法。提升銷售(upsell)指的是當客戶決定購買你的產品時，促使客戶買更多或更貴的產品。

一、用戶已經掏出錢包的時候

與後續銷售的原理非常相似，提升銷售也是利用客戶已經信任你或你的網站，心理防線被攻克的時候，向客戶銷售更多東西。

用戶在選定產品就要付款時是提升銷售最好的時機。這個時候用戶已經被你說服，已經對你的網站產生信任，如果商家給出一個很好的理由，很多客戶並不介意多花點錢買更好或更多的產品。

提升銷售在傳統商業中運用已經非常廣泛，其實大部份人逛商場時都有被提升銷售的經歷。進入商場，不問售貨員則已，問售貨員的結果往往就是超支。比如本來想買單門電冰箱的顧

客很清楚自己想要什麼，預算也已經規劃好，正在猶豫不決挑
選那個牌子時，或者最後與售貨員確定一下價格或保修期時，
售貨員通常會向你推銷雙門的、進口的、智慧的，甚至帶電視
的冰箱，總之就是更貴的冰箱。有多少人遇到過向你推薦更便
宜選擇的售貨員？

　　這樣的提升銷售一定要給出理由，能滿足用戶的某種需
求。比如放在家裏更氣派，以後家裏添了小孩，有足夠空間放
食物，等等。這些理由當然都是成立的，否則客戶不會僅因為
售貨員的說辭就多花錢。關鍵就在於售貨員要抓住客戶已經決
定要購買的機會，促使客戶花更多的錢。如果不積極向客戶推
薦，客戶也就買了小的冰箱，且基本上不會有不滿意的地方。
但是如果售貨員積極推銷，額外行銷成本非常低，可能只是 5
分鐘，效果卻十分明顯，可以使銷售額和利潤增長百分之幾十
甚至翻倍。所以估計大部份人都有這樣的體會，尤其是買大件
傢俱家電時，本來預算是 5000 元，進了商場花的通常都是 9000
元以上，這種提升銷售的方法屢試不爽。

　　服務行業也同樣如此。本來買手機時沒更多要求，就是想
打電話。但是進了手機銷售商店或電信服務部門，一定會從售
貨員那兒到或從宣傳小冊子上看到一堆看似又酷又好玩的附加
服務，使價格增加了不少。如自動漫遊、多媒體簡訊、來電顯
示、反來電顯示、無線上網、視頻電話等。一個附加服務每月
可能只多收 5 塊錢，這是客戶心裏就會想，每個月 200 元都花
了，還在乎這 5 元嗎？就再加幾個附加服務吧。結果本來預算
每個月 200 元的手機服務，就變成了每個月 500 元。

　　同樣，對服務提供商來說，提升銷售的行銷成本非常低。只要你告訴客戶有這些選項，很多用戶就會選擇提升後的產品。

二、網上提升銷售的方式

　　在網站上銷售產品，提升銷售也可以廣泛運用，而且成本更低。所需要的只是網路行銷人員頭腦中有提升銷售的概念，並且在適當時刻把提升銷售信息展現在客戶眼前。

　　網上的提升銷售通常可以有這樣幾種方式：

1.升級

　　就像買冰箱的例子，本來想買單門冰箱，商家就嘗試銷售一個價值更高的雙門冰箱。升級具體表現形式可以有很多，可能是更高級型號的產品，也可能是功能更全面的軟體，也可能是看起來更豪華的禮品包裝。

　　總之，在用戶已經決定購買基本款的產品時，網站只要多問一句：您想不想以非常優惠的價格購買我們的豪華款產品呢？您將享受高達 30%的折扣。

　　產品升級運用最嫻熟的就是電腦類產品網站。大家看戴爾網站，當你確定了基本電腦配置後，戴爾程序通常會問你：

　　·要不要把內存從 1G 升級到 2G？只要加 500 就夠了。

　　·要不要把 17 寸顯示器換成 19 寸？只要加 1000 就夠了。

　　·16 倍數 DVD 燒錄機要不要換成 48 倍數？只要再加 700 就夠了。

　　·要不要換成無線滑鼠？只要加 110 就夠了。

‧甚至要不要配上一台印表機？再加 500 也就夠了。

對戴爾公司來說，這只是程序的一次性設定。就算大部份用戶還是維持自己原來的配置，但總會有一部份用戶看到提升銷售的產品不錯，點擊一兩下，訂單價值就增加幾百、幾千元。對戴爾公司來說，增加業績是輕而易舉的。

2.捆綁加量

一些常用消耗性的產品，給客戶更多選擇，捆綁加量是非常好的提升銷售手法。

比如賣內褲、襪子的網站，本來用戶想買一打，價格 50 元，放入購物車再去收銀台時，網站系統適時提示一下：您想不想以更優惠的價格購買內褲？您可以 80 元買兩打，或者 100 元買三打。用戶如果實在用不著這麼多也沒關係，雙方都沒有損失。但如果用戶並沒有嚴格的預算上限或者某種特殊原因，像內褲、襪子這種產品，早晚還是得再買的。以後再買，可能價格會更高，還不如現在以更便宜的價格多買一點。對網站來說，同樣只是程序的一個設置，額外行銷成本為零。

以折扣價格提升銷售，雖然每打內褲或襪子平均利潤會降低，但一個訂單的總利潤是一定上升的。而且銷量越大，資金週轉越快，進貨成本也可能相應下降，進而使平均每打產品利潤也提高。

美容保健行業也是常運用提升銷售的行家。當用戶決定在某家做美容時，商家通常都會嘗試向客戶銷售 10 次或 20 次的美容套餐，而不僅限於一次美容服務。雖然美容套餐中的每次美容價格降低，但是以相同的行銷成本，達成鎖定數倍的銷售，

總利潤也就增長數倍。

需要經常使用的產品，只要有足夠長的保質期，不妨給客戶提供加量的捆綁套餐，很多客戶都會因為價格優惠而購買。

3.銷售相關或輔助產品

賣電腦時提升銷售印表機，就是以相關產品做提升銷售的方式之一。很多產品都可以做這種思考和擴展。

比如賣兒童玩具的網站，家長確定要買某一款洋娃娃時，網站完全可以友好地提示客戶要不要一起買與洋娃娃配套的玩具小房子，可以拆下來換洗的小衣服、假髮、玩具鞋子，可以陪伴洋娃娃的毛絨狗等。總之，從一個洋娃娃又可以聯繫到不少其他玩具。

亞馬遜書店是相關產品運用最嫻熟的網站。用戶選定某一本書後，亞馬遜網站一定提示你：

· 購買了這本書的其他讀者還買了這些書，要不要一起購買？

· 這本書的作者還有其他這些作品，要不要一起購買？

· 與這本書相關的 CD、DVD 產品，要不要一起購買？

亞馬遜書店還使用過一個更絕的提升銷售手法。用戶完成訂單已經付款之後，收到的確認郵件中告訴用戶，如果您在 30 分鐘內再次購買其他產品的話，亞馬遜將把這兩次訂單合併處理，作為一次購買，從而您能節省運費。

8

網路品牌的重要

網路行銷技巧，大部份是直接從網上銷售產品的角度切入，但不能忽略網路行銷中另一個很重要的概念，那就是網路品牌。

網路品牌的最終目的當然還是銷售，但是它的作用機制與直接銷售有些不同。一部份網站用戶第一次訪問就可能形成銷售，而且之前也不知道這個品牌的存在。但是網路品牌則不是一次訪問所能形成的，必須是在用戶眼前反覆展現固定形象，在用戶頭腦中留下品牌與產品的潛意識聯繫。並且網路品牌將會影響消費者的多次購買行為，而不僅僅是某一次訪問網站時的行為方式。

1.什麼是網路品牌

簡單地說，品牌是使某個產品或企業與其他產品企業區分開的標誌。品牌可以是商標名稱、公司名稱、公司 logo、口號、網路上也可以表現為特定域名。用戶一看到這個特殊標誌，無論是文字的還是圖形的，都能立即把這個產品或企業與其他同類產品或企業區別開來。網路品牌就是在網路上形成的品牌。

網路品牌既可以在網上銷售中影響消費者行爲，也可以直接促進消費者線下購買方式。雅虎與 Comscore 在 2007 年 1 月所做的調查也顯示，搜索用戶每在網上花一塊錢，都會因爲搜索行爲導致在線下花 16 塊錢消費。

我們都知道，線上直接消費金額已經在不斷上漲當中，這些調查顯示網上品牌信息所產生的線下銷售金額更爲巨大。由於在網上研究產品信息時用戶通常無法記住細節，其產生線下銷售的主要方式就是網路品牌在用戶頭腦中的印象。

網路品牌不僅是與其他產品或公司相區別的標誌，也是一種信任。用戶對有歷史、有口碑、有以往良好經驗的品牌，不僅能記住、有印象，還會自然建立信任感。對同一品牌下的多種產品和多種銷售管道也更容易做出反應，大大降低了購買阻力。

2.產品同質化必然要求品牌

現代市場行銷活動中，品牌是非常重要的概念，最主要的原因是產品的同質化現象。隨著產品的大規模生產，技術信息的透明和自由流動，各個公司生產出來的產品已經越來越沒有實質性的區別。無論是產品外形、設計、技術指標、功能，都很難有革命性，絕對能讓用戶產生獨特印象的可能性越來越低。

在商場電器部門，數十個品牌的電視設計基本差不多，尺寸都是那幾個標準型號，技術指標就算數字上有些許差別，但人眼也看不出有什麼不同，功能也差不多，甚至連生產廠家知名度也都不相上下。面對這樣的產品，用戶到底該怎麼選擇？爲什麼要選擇你的產品而不是其他公司的產品？品牌就在其中

起到了很大作用。

3.多媒體技術促進網路品牌

在網上，網路品牌也越來越顯出其重要性。

Internet 技術的發展，使得網路品牌的實現越來越容易，形式與線下平臺也越來越一致。Internet 發展初期，所有網站基本上都以文字信息為主。那個時期的網站技術對網路品牌的形成很不利，與我們線下所看到的多種多樣網路品牌標誌相比，文字信息太過單一和乏味。

現在網上已經充斥著多媒體信息，不僅有文字、口號，還有精美圖片，近兩三年網路視頻也成為最熱門的主流應用之一，Google 等搜索引擎也開始通過通用搜索展示多種搜索結果，直接將文字網頁、新聞、圖片、視頻、博客、圖書等網上內容展示給用戶。在線下所能實現的網路品牌標誌，現在在線上幾乎可以同樣實現。

而且在網路上關於某個品牌的任何信息都是永久存在的。過期的報紙雜誌很少再有人問津，電視節目更是播過以後無法再重現。在 Internet 上，無論是以文字形式所存在的新聞、用戶評論、廠家與用戶的雙項溝通、產品圖片，以及漫畫、視頻等。這些內容，如果不被特意刪除的話，都將永久存在，並無時無刻不在繼續傳播中。

好的網路品牌信息，一經產生，就可以繼續影響更多人。如果是負面的網路品牌信息，也同樣會給企業帶來無法徹底消除的影響。因此企業必須持續監視網上關於自己品牌的所有評論，並及時作出反應。

4. 網路品牌的最高追求

網路品牌的塑造，也可以說，所有品牌的塑造，最高的目標就是在用戶頭腦中將某種產品和特定品牌形成潛意識的聯繫。換句話說，用戶想起某種產品，頭腦中第一個反應就是某個品牌。

比如在英文網站中，提起「搜索」，所有人都想起 Google。提起作業系統，大部份人就會想到微軟。這種產品與特定品牌存在不言而喻的聯繫，就是品牌塑造的最高目標。

如果你的品牌達到這樣一種境界，那麼要產生銷售就無須再克服信任感的問題。你要做的只是在用戶尋找合適的時間和地點出現在用戶面前。甚至你的網上購物流程和易用性不太好，很多用戶也不在乎，即使多費點勁也要和你購買。

5. 品牌首先是好的產品

網路品牌的形成是長期綜合網路行銷活動的體現。不過網路品牌並不僅僅決定於網路行銷。網路品牌首先是一個好產品的結果。重要的不僅是讓用戶記得你的名字，更重要的是讓用戶聯想到這個名字所代表的好產品、高品質，品牌名稱背後的意義，才是真正的品牌價值。

電腦愛好者都知道蘋果電腦是易用、新潮的代名詞。雖然蘋果電腦的市場始終抵不過微軟英代爾聯盟，但是蘋果的品牌效應在特定用戶群中卻有著無堅不摧的魅力。就算價格高，就算購買時要排長隊，就算可選擇的產品和軟體不多，蘋果愛好者還是照樣追捧。蘋果每推出一個新產品，幾乎毫無例外地都受到新聞、電腦行業及電腦愛好者的鋪天蓋地的評論，並掀起

購買狂潮。

這就是品牌的力量。因為大家都知道，蘋果這個名稱所代表的就是技術、新潮、易用。

6.網路品牌的建立

在確保有好產品的基礎上，網路品牌的形成可以簡單歸納為一條，那就是強化統一形象，不斷重覆地展現在用戶眼前。

首先網站必須設計出幾種固定的標誌表現形式，如公司 logo、口號、商標名稱或者域名。這些外在的表現形式就是用戶可以用來辨識和區別的基礎。這些標誌形式一經確定，就不要再做更改。無論是在線上還是線下都要持續使用，不斷強化這一形象。強化和持續展現的管道可以包括下面所討論的網路行銷技術。

從網站設計上說，公司的 logo 和口號應該出現在公司所有網站上，並且應該出現在所有網頁的固定位置。網站的用色、排版，也應該與公司 logo 風格統一。

在郵件使用中，發信人名稱應該包含企業或公司名稱。郵件結尾處簽名也應該由公司統一設計，包含有公司 logo、口號及網址。

網路顯示廣告應該刻意突出公司 logo 或名稱。現在網路顯示廣告的直接銷售效用不斷下降，但是由於顯示廣告的視覺衝擊力及覆蓋面，可以使網站特徵標誌在潛在用戶眼前不斷出現。即使用戶沒有點擊，沒有銷售，突出了固定 logo 或口號的顯示廣告至少也讓用戶增強對品牌的印象。

論壇的使用可以增強網路品牌形象。在相關的行業論壇

中，不妨設置幾名代表企業的官方會員，專門回答論壇中出現的與本公司產品相關的問題和帖子。當這些會員幫助其他會員解決問題和獲得尊重時，企業的網路品牌也在潛移默化中得到加強。

心得欄 ------------------------------

9

登錄你的網站目錄

提交和登錄網站目錄，是早期常用的推廣網站手法。

在搜索引擎出現之前，網上用戶尋找網站大多是通過網站目錄，如雅虎、開放目錄。有的搜索引擎優化資料把網站目錄也當做搜索引擎的一種形式，從技術上來說，這種說法並不正確。現在意義上的搜索引擎，如 Google、百度，都是通過蜘蛛抓取網站頁面，在數據庫中進行一定的處理，用戶搜索關鍵詞後，搜索引擎通過演算法尋找出最相關的網頁返回給用戶。

網站目錄是由編輯審核提交的網站，按一定的分類方法，把收錄的網站放在適當的目錄分類下。網站目錄並不抓取網站上的頁面，只記錄下網站的網址、標題、說明等。

隨著搜索引擎的發展和被普遍接受，現在網站目錄的重要性越來越低了。在英文網站領域，已經很少有人通過網站目錄來尋找要訪問的網站。只有幾個最重要的網站目錄，還能帶來一點直接點擊率，比如雅虎、開放目錄、Business.com。

但是被高品質的網站目錄收錄對搜索引擎排名依然有重要意義。所以尋找提交網站到網站目錄，現在也還是網路行銷人

員必做的功課。

　　中文網站目錄比在英文網站中更有價值，因為有不少歷史悠久、口碑好的網站目錄本身流量十分巨大，很多剛剛接觸Internet 的新手還是把網站目錄作為自己訪問其他網站的出發點。很多網吧還是把網站目錄設置為流覽器首頁。最著名的中文網站目錄 hao123 是流量最大的中文網站之一。無數用戶先到 hao123，再點擊其他自己感興趣的網站。

1.提交前的準備

　　在提交網站之前，首先要確保自己的網站有可能被網站目錄所收錄，這包括以下幾個方面。

⑴內容是否原創居多

　　大部份高品質網站目錄不會收錄那些粗製濫造，完全以採集抄襲拼湊而成的網站。只有原創內容豐富的網站，才能給網站目錄本身帶來價值。網站已經全部完成。不能出現 404 文件不存在錯誤、打不開的鏈結、顯示不出來的圖片、「網站正在建設中」之類的文字等。要確保整個網站已經正常運行，所有功能都完成。

⑵設計方面達到一定水準

　　與搜索引擎抓取頁面不同，目錄都是由編輯審查提交的網站。網站設計給編輯的第一印象十分重要，如果設計過於簡陋或業餘，內容再好，編輯也很可能沒有心情仔細審查你的網站。

⑶網站聯繫方式齊備

　　網站上應該清楚標明公司或站長的聯繫方式，包括電子郵件位址、通信地址、電話。這顯示著網站的正規和專業性。有

一些高品質的網站目錄，如開放目錄，對此有比較硬性的規定，凡是沒有通信地址和電話的，一般情況下不予收錄。

另外一個提交前要準備好的文件需要事先撰寫好。提交過程中可能需要用到三部份內容。

(1)網站標題

通常網站標題就應該是網站的官方名稱。在可能的情況下，可以適當加進一些關鍵詞。但是絕不要因為要加關鍵詞而把標題寫得廣告性太強。越是正規品質高的目錄，越是應該使用網站官方名稱，那怕名稱中完全沒有關鍵詞。

切記不要在標題中加入口號式或宣傳式，廣告式的語言。如公司網站是房地產行業，就可以把標題選為「鯤鵬房地產公司」，而不要寫成「最專業的房地產公司」。

(2)網站說明

用一到兩句話簡要說明網站的內容和功能。同樣，切忌在說明中使用廣告性語言，諸如「最好」、「最便宜」之類的文字。目錄編輯對這種自吹自擂的語言有天生的反感。只要用平實的第三方角度簡要敍述出網站的內容就可以了。

(3)關鍵詞

有的網站目錄允許提交關鍵詞，方便目錄站內搜索使用。選出與網站最相關的，可能被搜索次數最多的 3～5 個關鍵詞。

標題、說明及關鍵詞，事先都要準備好。雖然有的網站目錄不一定完全需要這三部份內容，但是事先花點時間撰寫好，放在文件中備用，提交時會節省很多時間。

2.尋找網站目錄

怎樣找到能提交的網站目錄呢？首先最簡單但也是最有效的方法，就是在百度或 Google 搜索與網站目錄相關的關鍵詞。雖然是使用網站目錄這個詞，但可以搜索的關鍵詞還有很多，包括網站目錄、目錄提交、目錄登錄、網址提交、網站登錄、網址站、網站大全、網站導航等。

在搜索引擎搜索這類詞時所返回的網站數目巨大，很可能在幾百萬甚至上千萬個結果以上，這些都是可以考慮的目標網站目錄。爲縮小目標，還可以在搜索詞中加上自己網站的關鍵詞或地理位置。如房地產目錄、兒童服裝網址站、網址大全等。這樣得到的搜索結果更有針對性，可以首先著手提交。這些目錄都提交完了，再去提交那些比較寬泛的網站目錄。

第二個方法是看競爭對手都在那些目錄中被收錄。這可以通過查詢競爭對手反向鏈結來找到。怎樣比較準確的查詢網站的反向鏈結，請參考搜索引擎優化部份。

第三個簡單方式是，很多網站目錄中就收錄有其他網站目錄和網址站，尤其是與站長或網站建設，網路行銷相關的網站目錄。所以找到一個網站目錄，就可以順藤摸瓜，找出一串可以提交的網站目錄。

3.網站提交

確定了要提交的網站目錄後，還要正確選擇向那一個分類提交網站。

網站目錄都是按特定的方式進行分類的，提交時一定要在與自己網站最相關的那個分類中提交。有的站長喜歡把自己的網站提交到比較大，層次比較高的分類中，實際上被收錄的機

會反而更小，應該一直找到最適合的小類中提交。

如果不確定在那個分類提交，可以嘗試搜索一下自己的最主要競爭對手是在那個分類中收錄的，就到那個分類提交。

找到最適合提交的分類頁後，通常頁面上都有一個提交網址的鏈結。點擊這個提交鏈結，在提交頁面上填寫好事先準備好的標題、說明、關鍵詞，當然還有最重要的 URL。提交表格後，就只能耐心等待了。

現在的很多中文網站目錄會要求提交網站做一個友情鏈結，才會批准收錄這個網站。這時候站長就應該自己做一個決定，是花更多時間尋找到那些不需要做友情鏈結的網站目錄？還是做友情鏈結？要求友情鏈結的網站目錄實際上就和交換鏈結沒有什麼大區別。

建議站長在提交要求友情鏈結的目錄時，只選擇那些相關性高或品質比較高的提交。如果碰到一個網站目錄不管相關與否提交都做友情鏈結，那麼要做的友情鏈結就太多了。因為不相關的友情鏈結而放棄網站目錄一點兒都不可惜。到網上逛一逛，就能找到太多的網站目錄。只要花時間，其實還是可以找到不需要友情鏈結的目錄，比如一些行業網站、地方性網站等。

提交的所有目錄都要做個記錄，包括目錄位址、提交時間、被收錄時間、被收錄的具體頁面、自己網站上做的友情鏈結頁面等。目錄提交是一個長期的煩瑣的過程，如果沒有這些記錄，時間久了，就很難記得自己的網站已經提交過那些目錄？在那裏被收錄？那裏一直沒有回音？

提交網站後一到兩個月如果沒有收到對方回信，網站也沒

有在相應目錄中被收錄,可以再提交一次。如果還是沒有消息,也不必太過執著,放棄這個目錄,去尋找其他目錄就可以了。

　　這裏所說的目錄選擇和提交過程實際上是以比較高品質的網站目錄爲目標的,很多小型目錄並沒有這麼高的要求。比如說可能是允許在網站標題中堆積一些關鍵詞的,只要你和他交換友情鏈結,對方就收錄。這樣的網站目錄反倒比較容易處理。高品質的,要求比較嚴格的網站目錄如果都能正確提交和收錄,其他那些要求不高的目錄就更容易處理了。

心得欄

10

付費搜索競價廣告的好處

1.什麼是搜索競價

搜索竟價通常簡稱 PPC(Pay Per Click)。

PPC，即按點擊付費，PPC 其實泛指按點擊付費的廣告形式，不過因為連署計劃等廣告方式實際上很少使用按點擊付費，PPC 在實際運用中主要還是指搜索競價廣告。

用戶在搜索引擎如 Google、雅虎等搜索關鍵詞後所顯示的搜索結果頁面中，除了自然排名網頁結果，還有一部份是廣告商競價的廣告鏈結。右側全部為搜索競價廣告。左側通常是顯示自然排名的地方，如果有廣告商競標關鍵詞，廣告鏈結也會顯示在這裏。凡是標為「推廣」的都是競價廣告。如果競價廣告超過 10 個，那麼第一頁 10 個結果可能都是競價廣告。如果競價廣告商少於 10 個，則顯示完競價廣告後才顯示自然排名。不過從搜索結果頁面第二頁開始，左側顯示的都是自然排名，不再出現廣告。

左側沒有競價廣告，完全是自然排名網頁。右側是競價廣告，並且註有「贊助商鏈結」字樣。Google 搜索結果頁面有時

候也會在左側最上端顯示廣告，不過會使用不同的顏色爲背景，同樣標明贊助商鏈結。

Google Adwords 廣告服務網址：http://adwords.google.cn/select/Login。

搜索競價是搜索引擎的贏利方式，同時也是最重要的網上廣告形式之一。付費搜索現在已經成爲網路廣告市場佔有率最大的類別，而且付費搜索與顯示廣告等其他形式之間的市場佔有率差距還在拉大。

網民已經形成了有問題到搜索引擎找答案的習慣，所以搜索引擎是很多網站最大的流量來源。搜索流量又分兩部份，一是自然排名；另一部份就是付費競價廣告。

2.PPC 的優勢

搜索競價與 SEO 和其他網路推廣方式相比有很多優勢。

(1)推廣效果立竿見影

開通競價廣告賬號，設立好關鍵詞及目標網址，幾小時之內就會有目標流量進來。這對新開通的網站來說尤其重要。而新網站要靠 SEO、博客行銷、論壇行銷推廣，都要花不少時間，尤其是 SEO。而搜索競價近乎即時，可以快速帶來流量。對贏利模式經過驗證、轉化率高的電子商務網站來說，時間就是金錢，快速帶來流量就意味著立即有收入。

一些季節性和時效性的產品更是需要快速流量。比如耶誕節、情人節等期間，都有特定產品熱銷。靠 SEO 帶來流量，需要提前幾個月策劃執行，效果還不能保證，搜索競價則能準確地在節日期間帶來目標流量。

⑵搜索競價具有高度可測量性

非常利於網站實驗。SEO、論壇行銷等的成本往往不容易精確計算,而搜索競價的成本可以精確到每一個點擊。流量來源的成本,再加上流量統計分析,以及產品銷售數字都是網站自身可以掌握的,所以可以非常精確地計算出網站推廣效果。某一個或某一組關鍵詞能帶來多少流量?成本是多少?銷售和利潤又是多少?瞭解這些數字對進行市場調研和改進網站轉化率都十分有用。

使用付費競價流量就是網站測試的最好方式之一。在網站修改、磨合期間,很可能沒有自然搜索流量,也不適合大規模展開其他網站推廣活動,競價排名就成了最好的帶來測試流量的方式。

⑶競價廣告和 SEO 能夠很好互補

競價排名流量快,關鍵詞可以完全控制,又能夠精確測量效果,所以通過競價排名,就可以瞭解那些關鍵詞被搜索次數最多?可能帶來流量最多?那些關鍵詞轉化率最高?找到這類關鍵詞再做 SEO,就有了明確的目標。這比自己進行關鍵詞研究更為精確,因為效果都是從真實流量得來的。

反過來,即使選擇 SEO 作為最重要推廣方式,在網站進入沙盒期間,或者頭幾個月 SEO 還在努力中時,搜索競價也是一個很好的補充方式,能夠迅速進入市場。

⑷搜索競價也是分散風險的最好方式之一

雖然 SEO 投資報酬率最高,但是風險也高。有可能幾個月甚至幾年的努力都不能達到預期效果。有可能因為搜索引擎演

算法改變，而使網站排名一落千丈，甚至有可能被搜索引擎懲罰和刪除。這都是企業自身所不能控制的風險。

　　付費搜索排名雖然一定不是免費的，要花出實打實的現金，從另外一個角度來看，卻是風險最低的。只要你花廣告費，就會帶來流量。很多網站把流量的所有依靠都放在自然排名上，沒有後路，一旦排名出現變化，對網站運營將產生毀滅性的打擊。付費搜索只要控制好預算，通過實驗找到有贏利的關鍵詞，實際上風險是十分低的。

⑸付費搜索可控性也最強

　　廣告標題、說明文字、用戶點擊廣告後所進入的頁面、廣告投入時間、地域都是廣告商自己可以控制的。這對提高網站轉化率，更加精準地把廣告預算花在目標市場上都有很大幫助。靠 SEO 得來的自然流量對這些因素基本上沒有控制力。

　　　心得欄 -

- -

- -

- -

- -

- -

11

付費競價廣告的應用

1.搜索與內容網路

首先要把搜索引擎本身和內容發佈商網路分開。搜索引擎競價廣告不僅顯示在搜索引擎本身的搜索結果頁面中，也會把廣告顯示在參加了廣告聯盟的網站上。對 Google 來說，顯示廣告的發佈商網站就是站長們都很熟悉的 Adsense 聯盟，其中百度就是主題推廣聯盟。

顯示在搜索引擎本身搜索頁面的廣告和顯示在聯盟網站頁面上的廣告效果往往有很大區別。搜索結果頁面上的是更有針對性的用戶，用戶搜索關鍵詞時有目標性，而且是主動搜索，通常流量品質會比較高。

而廣告聯盟網站品質參差不齊，用戶看到廣告時也並沒有做搜索，而是正在閱讀其他內容。再加上有些網站使用誤導和鼓勵用戶點擊的方式提高點擊率，就更使得這些廣告流量來源品質比較低。

所以在使用搜索競價時，首先應關閉內容發佈網站顯示廣告的選項，在搜索引擎結果頁面實驗效果。只有對關鍵詞、轉

化率等都十分清楚時,再開始一步步地嘗試聯盟網站競價廣告。

2.選擇和擴展關鍵詞

使用搜索競價,關鍵詞的選擇具有最大自由度。行銷人員可以儘量擴展關鍵詞,產生長尾效應。

熱門關鍵詞固然流量大,競價價格也一定高。而長尾關鍵詞很可能數量更爲龐大,每個點擊的平均價格卻低得多。很多長尾關鍵詞都沒有其他競爭者競價,企業只要出最低競價就能排到第一。而且長尾關鍵詞目的性更明確,用戶轉化爲付費客戶的概率也更高。所以 PPC 最重要的是能尋找到大量相關的長尾關鍵詞。

搜索引擎在廣告後臺都提供了關鍵詞擴展工具,如 SEO 及市場調研部份所提到的工具。

另外行銷人員可以進行各方面的擴展。如除了產品主關鍵詞外,再加上限定性的地名、季節、時間、品牌名稱、產品別名、拼寫錯誤等,常用限定詞,如購買、便宜、促銷、優惠、折扣等。

有經驗的 PPC 行銷人員同時管理成千上萬關鍵詞是很常見的。大型網站更能達到百萬以上級別的關鍵詞數目。對有一定規模的網站來說,將關鍵詞分組,分別監測廣告效果,都是需要時間和經驗的,通常要有軟體支援,非人工所能爲。

3.廣告標題及説明文字

PPC 廣告內容的寫作行銷人員能夠完全控制。就像文案寫作中說的,廣告文字是吸引用戶、說服用戶的最有力手段。競價排名廣告文字寫作需要完成四個功能:

- 包含關鍵詞。尤其是在廣告標題中包含關鍵詞，提高廣告相關性，而且匹配的關鍵詞會在顯示時加粗或者以紅色顯示，使廣告在視覺上更突出。

- 展現賣點。這最好也是在廣告標題中完成。短短的十多個字，需要立即抓住用戶的注意力，清楚說明用戶從網站能得到的最大好處。

- 行動呼籲。在標題下的說明文字中列出更詳細一點產品優勢、促銷、折扣等，然後還要清楚寫出行動呼籲。以促使用戶點擊。

- 過濾用戶。競價廣告都是要付錢的，每一個點擊都意味著真金白銀，所以廣告文字的另一個重要功能是把那些專門想找免費東西的用戶過濾掉，這部份用戶就算點擊了，也不會買任何東西。可以在廣告文字中以直接或暗示的方法說明產品不是免費的。

　　一個具體例子。在 Google 搜索「減肥茶」，出現下面幾個競價廣告，廣告文字的撰寫顯示出一定的差距。

　　排在第一位的標題不錯，可惜沒有包含關鍵詞，視覺上缺少突出效果。說明文字針對性稍差，不知道用戶到底能得到什麼好處，似乎只是一個討論減肥問題的地方。

　　排在第三、第四位的廣告文字寫作，就要清楚有效得多。尤其是第四位，廣告標題「2008 強效減肥產品──月減 26 斤」，包含關鍵詞，而且以數字具體說明減肥效果。下面的說明文字非常簡潔地列出了產品的特徵：純天然，無副作用，快速。並且有強有力的行動呼籲：免費試用 5 天。

排在第五和第六位的廣告，針對性則要差很多。「代理經銷商熱門項目」，這樣的廣告標題和減肥茶相關性相去甚遠，相信點擊率高不了，就算點擊了，恐怕轉化率也不高。為什麼會在想減肥的用戶裏找代理經銷商，而且不知道到底是代理什麼？

排在第七位的廣告文字也相當有吸引力:「看胖人懶人如何一週減 5 斤」。非常明確地點出了絕大部份需要減肥的人所面臨的問題，那就是通常胖人都是比較懶惰的，想不費事就減肥，這樣的廣告文字簡直正中下懷。而且用「一週減 5 斤」這樣的具體數字說明減肥效果，讓人產生信任感。

4.廣告著陸頁面優化

用戶點擊搜索廣告後所訪問的頁面稱為著陸頁面(landing page)。

不同的關鍵詞需要選擇不同的著陸頁面，千萬不要把用戶都帶到網站首頁。不同的關鍵詞分組，一定都有不同的用戶搜索目的，將用戶帶到與關鍵詞最相關的網頁才能最大限度地提高轉化率。有時候 PPC 廣告的著陸頁面是專門為 PPC 的特定關鍵詞製作和優化的。

著陸頁面所顯示的信息必須與觸發關鍵詞高度匹配，讓用戶打開頁面就知道，這正是自己正在搜索的內容和產品。如果用戶搜索的是「減肥茶」，就不要把用戶帶到減肥藥頁面。如果用戶搜索的是「寧紅減肥茶」，就不要把用戶帶到其他牌子的減肥茶頁面。

當然，頁面上的其他元素也都需要經過優化和調整，以最大程度地提高轉化率。

5.關鍵詞匹配

搜索引擎通常會讓廣告商選擇關鍵詞匹配方式。完全匹配指的是只有用戶在搜索指定的關鍵詞，比如「減肥茶」時，廣告商廣告才顯示；搜索其他關鍵詞，比如「便宜減肥茶」、「減肥藥」等，都不會顯示。完全匹配的針對性最強，適合新網站剛開始測試時使用。

其他匹配方式，如廣泛匹配和片語匹配，百度又稱之為智慧匹配，使用時就要非常謹慎，新手最好先不要使用，因為這些匹配方式除了用戶搜索完全匹配的關鍵詞時，相關關鍵詞搜索也會觸發廣告。比如廣告商設定關鍵詞是「減肥茶」，但是選擇了廣泛匹配或智慧匹配，當有用戶搜索「減肥」和「茶」時，都有可能顯示競價廣告。而顯然搜索「茶」的用戶，大部份對減肥茶並不感興趣。所以打開廣泛匹配或智慧匹配，風險比較大，可能帶來一些很不相關的流量，浪費了廣告預算。

付費競價廣告是最強調投資報酬率(ROI，Return On Investment)的網路廣告方式。一是因為每一個點擊都要花錢，不重視就明擺著要浪費錢；二是因為每一個點擊的價格和回報都確實可以精確監測。重要的不是點擊價格，而是投資報酬率。

在一些熱門行業，一個點擊的價格能達到十幾二十美元，甚至更高，比如律師、金融服務、房地產，以及某些慢性病的治療、旅遊、虛擬主機、網路賺錢，都是點擊價格相當高的行業，但還是會有網站願意投放廣告，原因就在於有了目標流量，就能有回報。

一個點擊花費幾十美元，讀者可以想像，如果不正確監測

和計算投資報酬率，風險該有多大。而只要正確計算出各組關鍵詞的投資報酬率，就能確保花出去的廣告費都能贏利。這也就是爲什麼有些網站有廣告預算卻花不出去。這些網站知道某類關鍵詞一定賺錢，但是這些關鍵詞的搜索次數卻是有限的，不是廣告商想增長就能增長的。廣告商需要花時間測試、研究其他關鍵詞，找到更多的確認投資報酬率的關鍵詞。搜索競價排名服務都在後臺提供廣告商一系列的工具，可以創建廣告組、控制預算、查看點擊數、點擊成本等。

Google Adwords 廣告還有一個特有的概念，叫做廣告品質分數。Google 競價廣告的排名並不完全按照廣告商出價決定，即不一定出價最高的那個廣告就一定排在最上面。相同的關鍵詞，不同的廣告商最低允許出價也很可能不一樣。有的網站出價一元，廣告會被顯示，相同的關鍵詞，有的網站也出價一元，可能廣告根本不被通過顯示。廣告品質分數就是影響廣告商最低競價及排名的重要因素。

廣告品質分數決定於幾方面：

· 廣告點擊率。點擊率越高，品質分數越高，可能的廣告排名也越高。所以得撰寫吸引人的廣告文案，才可能卻出價低排在出價高的廣告前面。

· 賬戶結構。廣告商的關鍵詞需要按相關性分組，而不能把所有無關的關鍵詞放在一起。

· 關鍵詞相關性。搜索關鍵詞與網站內容越相關，品質分數越高。

· 著陸頁面品質。包括著陸頁面的內容是否相關？是否原

創？頁面訪問速度如何？導航是否清晰等，都會影響品質分數。

· 賬戶歷史。廣告商賬戶的平均點擊率會影響以後所有關鍵詞廣告的品質分數。有一些廣告商因為某些原因，如廣告文字撰寫不好，或著陸頁面品質太差等，使整個賬號有一個品質不高的歷史。就算對廣告及網站做出改進，想要 Google 重新評價網站也相當困難。相同的關鍵詞可能需要比別人付出更高的價格，才有資格被顯示。這時候可能還不如開始一個新的賬號。

付費搜索競價廣告現在越來越被重視，因為它風險低、可控性強、確認轉化率後投資回報可以預見。

心得欄 -

- -

- -

- -

- -

- -

12

善用你的鏈結交換

交換鏈結，或叫友情鏈結，是資源互換的最簡單形式。我鏈結向你，你鏈結向我，互相給對方帶來一定的點擊流量，也有助於搜索引擎排名。

中文網站交換友情鏈結的比英文網站要普遍得多。正規的英文網站很少看到會在首頁交換友情鏈結，通常是開設一個交換鏈結部份，把友情鏈結都放在專用的友情鏈結頁面上。中文網站不僅有友情鏈結頁，大部份網站還接受首頁友情鏈結，連很多門戶和大公司的網站也是如此。這說明交換友情鏈結在中文網站推廣中是個常態，站長們十分熟悉。

在交換友情鏈結的過程中有一些要點站長需要注意。

在開始聯繫其他站長交換鏈結前，首先要確保自己的網站建設已經完成，內容豐富，沒有「正在建設中」的頁面等。新網站通常比較難以獲得友情鏈結。如果再加上網站還沒完成，給對方站長的印象就太差了。

1.目錄式友情鏈結頁面

除了首頁友情鏈結外，可以在網站上開設一個專門交換友

情鏈結的部份。這個部份應該按主題進行分類，不是把所有友情鏈結都放在一個頁面上。

在策劃網站框架時就應該根據網站自身內容，按相關主題把友情鏈結分成 10～20 個頁面。如果站長野心更大，網站規模也更大，可以分成更多類。友情鏈結部份的首頁只放上連向這些主題頁的鏈結，以及比較重要的友情鏈結。整個友情鏈結部份類似於一個小型網站目錄。

這樣做也有它的缺點。很多站長會覺得友情鏈結放在首頁上最好，或者至少放在從首頁點擊一次就能達到的頁面。做成這種小型目錄的形式，友情鏈結大部份需要放在距離首頁兩次點擊的主題頁面上。不過如果網站結構合理，這些友情鏈結主題頁面同樣可以得到很好的收錄和不錯的 PR 值。

這種方式從長遠來看更有擴展性。首頁的位置終歸是有限的，不可能放上幾十個友情鏈結。一個友情鏈結頁面能放的也有限，如果真的把一兩百個友情鏈結放在一個頁面上，訪問用戶面對密密麻麻的鏈結，通常不會點擊任何鏈結，對對方站長流量的幫助也不大。

在英文網站交換鏈結時，做成這種小型目錄的形式是常態。

2.軟體使用

有一些現成的軟體可以幫助管理友情鏈結頁面。站長在軟體後臺可以創設新分類，人工增加友情鏈結頁面。其他站長可以在網頁上自行提交友情鏈結申請，站長在後臺檢查對方是否已做好連過來的友情鏈結，並進行網站標題和描述的審核和批准。

軟體也會定期自動檢查已經批准的友情鏈結，看對方網站是否還保留著連過來的友情鏈結。如果對方因為某種原因已經拿掉連回來的鏈結，站長在後臺會看到提示，可以進行人工審查及進一步處理。

雖然有軟體輔助能省時省力，不過還是建議最好不要使用任何軟體，尤其是不要使用在網上大家都常用的現成軟體。因為這些軟體生成的頁面往往相似度太高，在代碼、頁面排版、文字的措辭、分類等方面有明顯的痕跡。如果你的網站和其他成千上萬網站有這麼高的相似度，用戶不喜歡，搜索引擎同樣也不喜歡。所以還是建議，要麼完全人工加減友情鏈結，要麼使用自己寫的管理軟體。

3.尋找交換鏈結目標

在尋找交換鏈結對象時應該先看對方網站年齡。比較老的網站可信度更高，今後還將繼續存在的可能性也更大。

對新網站則需要注意看發展潛力如何？查看一下 Alexa 流量排名是否穩步增長中？網站是否持續更新？站長是否在用心做站？很多新網站有較大的發展潛力，這時候你找他交換鏈結成功的機會更大。一旦新網站過一兩年變成一個成功的大網站後，想成為友情鏈結合作夥伴，人家該挑挑揀揀，不一定看得上你的網站了。

很多站長在尋找友情鏈結夥伴時，往往會特別關注 PR 值。當然這是一個可以參考的指標。如果一個很老的域名，首頁的 PR 值卻一直是零，這多少有些可疑。有可能是被搜索引擎懲罰，有可能是對方站長從沒有認真推廣過網站，以後變得認真

起來的概率也不大。但 PR 值卻不是決定性因素。新網站 PR 值爲零很正常。只要有發展潛力，不妨考慮。

　　尋找友情鏈結時還要注意網站內容的相關性。雖然友情鏈結按說應該是從友情出發，但站在用戶的角度考慮，就算兩個站長真的有友情，但如果一個是 IT 資訊網站，一個是育嬰網站，用戶點擊友情鏈結的概率將大大降低。用戶覺得沒有用的東西，就是對網站沒幫助的東西。交換友情鏈結最重要的考量是看能否帶來有效流量，對方網站流量大、用戶活躍、內容相關性又高，才是最佳選擇。

4.交換鏈結步驟

　　在發郵件與對方站長聯繫之前，應該先把對方網站鏈結放在自己的網站上，這是一個基本的禮儀。相信很多站長都會收到交換鏈結的請求，郵件裏說希望和你交換鏈結，只要你把他的鏈結放上，他就鏈結回來。大部份站長看到這樣的郵件，也就直接刪除了。當你首先聯繫其他人時，先把自己該做的做到，放上人家的鏈結。不要奢望你找人家辦事，卻希望人家先鏈結向你。

　　在發鏈結請求 E-mail 前也應該看看對方網站是否接受友情鏈結。如果對方網站上既沒有首頁友情鏈結，也沒有專用的交換鏈結部份，就不要費勁了。對方很明顯接受和歡迎友情鏈結時，通常都會列出交換鏈結的步驟，比如說填寫在線表格，或直接 E-mail 給站長，E-mail 中應該包含那些內容？站長應該儘量按對方列出的步驟去做。

　　在 E-mail 中應該用一句話寫清自己網站和對方網站的基

本情況，最起碼得說清是那個網站。經常收到交換鏈結郵件根本沒提是那個網站交換想交換鏈結。大部份站長都運行不止一個網站，接到這樣的郵件就明白對方根本不是誠心誠意，大概只是拿一個郵件範本在群發而已。

在郵件中還應該說明你真的流覽了對方網站，並覺得雙方網站能夠良好互補，所以希望交換友情鏈結。還要告訴對方，已經把對方鏈結放在那一個頁面上，歡迎對方站長來檢查。

還要提供你希望對方使用的鏈結文字及簡短說明，對方站長同意交換鏈結時可以參考使用。這樣既讓對方省事，也對鏈結文字多些控制。

發出郵件後 2～4 個星期如果沒有收到對方的回覆，可以再發一封郵件提醒一下，但是絕不要有任何威脅或不滿的口氣。有時就會收到這樣的 E-mail，對方不滿地說，你要不在 3 天內鏈結回來，就把你網站鏈結拿掉了。看到這樣的 E-mail 只能更堅定不交換鏈結的決心。第二封郵件只要寫個友好的提醒，並且向對方表示，不接受這個友情鏈結也可以理解，以後有機會再合作。

發出第二封提醒郵件後如果還沒有消息，就不要再提醒或催促對方站長了。如果人家願意交換，已經這麼做了。人家不願意，千萬不要強求，繼續尋找下一個目標就可以了。

交換鏈結是一個長期又煩瑣的工作，但效果也是明顯的。持之以恆，必有效果。

13

交換鏈結中的小花招

交換友情鏈結時，大部份站長還是能認認真真、老老實實，雙方誠信地合作。但有些站長卻喜歡耍一些伎倆，試圖以欺騙性的手段得到友情鏈結，卻不給予相應的回報。

在英文網站中，這種站長還是經常見到的。下面舉一些例子，希望讀者以後也有所提防。

1.交換完鏈結後再刪除鏈結

最簡單的就是交換完鏈結後，過一段時間悄悄把給你的鏈結刪除，這樣你連過去的鏈結就成了單向鏈結。這種還算容易發現。

有的網站用程序自動檢查對方鏈結。有的不使用程序，但也應該經常看看友情鏈結夥伴的網站上你的鏈結還在不在。如果對方悄悄拿下了，也沒必要問對方是怎麼回事。你也別客氣，把他的鏈結也拿下來就行了，以後再也不必相信這個站長了。願意的話到站長論壇揭露一下這樣的不道德站長。

2.想辦法把友情鏈結頁的權重弄得最低

在英文網站中直接交換首頁鏈結的情況比較少，一般都是

把友情鏈結放在友情鏈結頁上。有的站長就通過控制站內鏈結結構使這些友情鏈結頁面得到的權重最低。

最典型的方法是只在首頁或者網站地圖放上友情鏈結頁的鏈結。這樣友情鏈結頁也可以被搜索引擎收錄，但整個網站只有一兩頁鏈結向友情鏈結頁。這樣的鏈結結構就使得友情鏈結頁的權重非常低。

正常的網站結構應該使友情鏈結頁成爲整個網站的有機組成部份之一，所有處理方式應該和其他頁面相同。比如說友情鏈結部份就是按一個頻道處理，裏面又分很多內頁。這個頻道應該和其他內容頻道一樣，在所有頁面上都有一個導航鏈結，使所有友情鏈結頁面得到應有的權重。

3.使友情鏈結頁根本不能收錄

有的站長雖然在網站上使友情鏈結頁看似普通網頁，但其實使用 robots.txt 文件或 meta 標籤使友情鏈結頁根本不能被搜索引擎收錄。這也是我覺得 Google PR 值有時候還有一些用處的原因之一。如果網頁有 PR，至少說明已經被 Google 收錄了。

4.友情鏈結本身不傳遞權重

有的站長把友情鏈結加上 nofollow 屬性,有的友情鏈結是用腳本轉向。這樣的鏈結實際上都已經不是正常鏈結了，並不能傳遞任何權重。

有的站長做得更隱蔽一些,「鏈結」是經過轉向的,但通過使用 JS 腳本,滑鼠放在鏈結上時流覽器狀態欄卻顯示正常的鏈結。這樣除非你去檢查他的源代碼,不然很難發現他給的鏈結

其實是通過腳本轉向的。

5.鏈結頁可能根本就是只給你準備的

有的站長心機很重,在給你發交換友情鏈結 E-mail 時告訴你,你的網站鏈結已經放在比如 domain.com/index.php 頁上。你點過去一看,果然有你的鏈結,而且還是首頁,於是你就鏈結回去了。

但如果你仔細再檢查一下他的網站,卻發現他的首頁根本不是你看到的這個頁面。當你去掉 index.php 文件名,去他真正的首頁 domain.com 時,卻發現真正的首頁是另外一個頁面,有可能是 index.html 文件。

由於在伺服器配置中 html 文件名比 php 文件名優先度高,用戶訪問 domain.com 時返回的首頁將是 domain.com/index.html 頁面,搜索引擎收錄的首頁也是 index.html 頁。對方卻誤導你,讓你覺得 index.php 文件是首頁,而且還有你的鏈結。其實這個 index.php 文件只是給你看的。

6.對方根本沒鏈結到你的網站

有的站長檢查你網站的外部鏈結有那些,然後寫 E-mail 給你說,我從網站 A 已經連向你,請你連向我的網站 B,這樣是三向鏈結,比雙向鏈結的效果要好。

我們姑且不論三向鏈結是否真的比雙向鏈結好。

可你再仔細檢查一下記錄的話,有可能發現網站 A 上的鏈結,是你以前和其他網站交換鏈結時得到的,和請求交換鏈結的這位站長一點關係都沒有。他只不過檢查了你的外部鏈結,知道 A 網站上有你的鏈結,假裝那個鏈結是他做給你的。而你

有可能交換鏈結的次數很多，早就忘了是怎麼回事了。

7.做一個垃圾網站和你交換鏈結

有的站長打著三向鏈結的旗號，讓你的鏈結必須得連向他的真正的商業性網站，他卻從一個垃圾網站鏈結向你。這種垃圾網站最常見的形式就是垃圾目錄，沒有什麼權重，也沒真實的訪問流量，是專門用來做友情鏈結的。

心得欄

14

BBS 論壇──做宣傳的好地方

要想讓自己的網店脫穎而出，就要考慮如何打出自己的知名度。花錢做廣告，效果確實立竿見影，但付出的資金也大。實際上，網路上自有各種免費的宣傳手段，比如利用論壇以及網路通訊軟體，比如 QQ、MSN、電子郵件等，只要手法適宜，完全可以讓你的網店人氣不衰。

BBS 是英文 Bulletin Board System 的縮寫，翻譯成中文為「電子佈告欄系統」或「電子公告牌系統」。BBS 是一種電子信息服務系統。它向用戶提供了一塊公共電子白板，每個用戶都可以在上面發佈信息或提出看法。早期的 BBS 由教育機構或研究機構管理，現在多數網站上都建立了自己的 BBS 系統，供網民通過網路來結交更多的朋友，表達更多的想法。目前國內的 BBS 已經十分普遍，可以說是不計其數。其中 BBS 大致可以分為 5 類：

1.校園 BBS

校園 BBS 自建立以來，發展勢頭很迅猛，目前很多大學都有了 BBS，幾乎遍及全國。

2.商業 BBS 站

這裏主要是進行有關商業的商業宣傳，產品推薦等等，目前手機的商業站、電腦的商業站、房地產的商業站比比皆是。

3.專業 BBS 站

這裏所說的專業 BBS 是指部委和公司的 BBS，它主要用於建立地域性的文件傳輸和信息發佈系統。

4.情感 BBS

主要用於交流情感，是許多娛樂網站的首選。

5.個人 BBS

有些個人主頁的製作者在自己的個人主頁上建設了 BBS，用於接受別人的想法，更有利於與好友進行溝通。

可見，BBS 論壇不但地域特點明顯，同時對網民的職業、愛好分類區分十分清楚。這就形成了一個很好的投放廣告的場所，你可以輕易地看出那個論壇的人是你潛在的顧客。

心得欄 ----------------------------

15

BBS 論壇的宣傳技巧

BBS 論壇也有很多個，國內的比如幾個大的門戶網站，要想瞭解這些論壇的受眾層次，不妨自己到這些論壇上看看。這樣才能做到有的放矢。

利用論壇進行宣傳，首先必須找到適合自己產品宣傳的論壇。將商品的目標群體進行細分，然後根據細分商品去尋找合適的論壇進行宣傳。

一般來說，論壇宣傳要選擇有自己潛在客戶在的論壇；其次是要選擇人氣旺的論壇，但人氣太旺也有弊病，因為帖子很快就被其他帖子淹沒了；三是要選擇有簽名功能的論壇；四是要選擇有鏈結功能的論壇；五是要選擇有修改功能的論壇。

就目前而言，BBS 論壇的商業氣息並不濃郁。在論壇宣傳，一定要有策略，給人以巨大的親和力；如果商業性質太明顯，或者宣傳手法十分霸道，則會失去宣傳效果。下面是一位網友總結的一些技巧，相信一定能夠給大家一些啟迪。

1.發廣告要巧妙

帖子發表時不要一開始就發廣告，這樣的帖子很容易被當

作廣告帖刪除，可利用長帖短發方式，在跟帖裏發廣告，一般不會被刪除。帖子的內容可以是與網站相關，這種相關性用一種對社會或者是他人的關注來體現出來。網站也可以定期做一些公益性的活動，比如可以結合環境保護活動來做一些調查等，用以增加網站的流覽量。

一個帖子剛剛發表時，版主一般要進行檢查，如果此時有廣告內容，一般會被刪除，但經過一段時間後再對原帖進行修改，重新將廣告內容加上，這樣的成功率要高一些。也可以找一些人氣很旺的論壇及主題，事先準備好相應的廣告帖子，然後迅速地將這些帖子貼出，等到版主發現時，可能已經有幾百人光顧你的網站了。如果賬號被封，改天換一個再發。當然，帖子要與主題相關才好，並且在論壇裏要有鏈結功能。

2.用好頭像、簽名

頭像可以專門設計一個於自己的網店經營相關的，可以借機宣傳自己的品牌，簽名可以加入自己網站的介紹和鏈結，把服務電話、郵箱寫上，一旦有人感興趣就可以及時地聯繫到你。

3.要有一個曖昧的題目

一個曖昧的題目就會讓人想人非非，很容易就讓人想歪，要給人一種猶抱琵琶半遮臉的感覺！這樣就會激起人的好奇心，很自然的就會進入你的主題，看你的貼！這樣你的貼點擊率就會高！當然，題目應當與內容相關。

4.內容要有爭議性

內容沒有爭議性，人家都只是一看而過，很少會留下一言片語！所以內容要有爭議性，如果你真的想不到有好爭議性的

主題，你不妨試下寫一些關於男女情感方面的東東！這些內容一般回貼率都較高的！

5.發帖要求品質第一

發帖不在乎發帖的數量多少，發的地方多少，而帖子的品質特別重要。即使最終發的帖子量很大，但是品質不高，沒有吸引力，也會缺少觀眾，最終還是沒有起到宣傳的效果。發帖關鍵是爲了讓更多人看，變相宣傳自己的網站，追求的是最終流量。所以發高品質的帖子，專注一點，可以花費較小的精力，獲得較好的效果。

6.適當托一把

在論壇，有時候爲了帖子的氣氛、人氣，也可以適當的找個托。也可以自己註冊兩個賬號自編自演一把。

7.跟帖

發帖是種美德，發精帖才是道德。好的帖子訪問量是不用懷疑的，當然你的網上店鋪的訪問量也就上去了。如果說自己實在寫不出或者找不到好的文章那就跟帖，跟帖是種義務。發帖者辛辛苦苦的寫的帖子，帖子一定是他認爲對自己、對別人都有好處的。跟帖多了也可以形成一定的知名度，每個論壇上都有相應的統計的指標，如果跟帖量最終排前列，也是一個宣傳效應。簽名檔功能可千萬別浪費。

跟帖要跟新發的帖子，經常上論壇的會員每天或者是每次上論壇首先看的是最新的帖子，看內容是不是自己感興趣的，很少有人上了論壇去翻看老帖，除非是想從以前的帖子中找自己想要的信息。

8.借助他人的熱帖

要想創造出受歡迎的帖子不是一件容易的事情。我們可以在論壇上尋找那些回帖率很高的帖子，再拿到其他論壇進行轉帖，並在帖子末尾加上自己的簽名或加上自己的廣告進行宣傳。

9.長帖短發

一般論壇中看帖的人都是沒有耐性的！太長的帖，不管它有多大吸引力，都很少有人能夠把它看完！所以一定要長帖短發！如何長帖短發呢？長帖短發並不是叫你把帖儘量縮短！而是將一帖分成多帖，以跟帖的形式發！就像電視劇一樣，分多次帖！但要記住不要超過 7 帖！並且可以每隔一段時間再發一帖，以讓他人有等待的慾望。這樣做也可以增加帖子的人氣。

10.利用回帖功能

如果要在回帖中發廣告，一定要爭取在前 5 位回帖，這樣被流覽的概率要高一些，這時你就要搜尋那些剛剛發表的帖子。

11.帖子的管理

在那些論壇發過帖，這些帖子的宣傳效果如何，這需要統計和管理。一種方法是用電腦軟體或紙筆進行記錄，這種方法適用於發帖初期。另一種方法是借助於專用網站統計軟體，這些軟體一般有「來路統計」功能，借助於這個功能，可以查看在那些論壇發過帖及帖子所帶來的流量，並且可以很方便地根據這些記錄，及時地進行回帖，將帖子暫時置頂。例如 itsun 網站就有這個統計功能。

總之，只要你掌握上面的方法進行宣傳，論壇宣傳還是很有效果的，當然需要花費一定的時間和精力。

16

域名的選擇很重要

　　建設網站的第一步就是註冊域名和選擇合適的主機。域名和主機的選擇對網路行銷的效果一般來說沒有決定性影響，但是選擇得當有促進作用。

1.必須使用自己的獨立域名

　　這一點相信絕大多數企業和個人站長都已經意識到。在Internet 剛開始普及時，一些公司提供二級域名或目錄形式的網址，如 GeoCities、Tripod 等。現在這些服務也還都存在，但幾乎沒有企業會選擇這種免費的網址。

　　對一個要真正在 Internet 上有所作為的網站來說，使用別人的網址風險過大。一旦服務商方面有任何風吹草動，辛辛苦苦建立起來的流量、品牌、搜索引擎排名等將付之東流。所以建議所有想在網上銷售產品或服務的企業或個人，無論如何都要註冊自己的獨立域名。

2.域名最好短小容易記憶

　　現行的域名系統還是以英文字母加數字為主流。由於用戶對一些不太常用的英文單詞記憶上的困難，中文網站還是適合

選擇儘量短小、容易記憶的域名。

由於網站從一開始就面臨英文字母域名的問題，所以在這方面已經形成了不錯的傳統。很多企業和站長在選擇域名時都發揮想像力，嵌入數字、中文拼音或中文拼音簡寫等，力圖使域名不超過 7～8 個字母。

雖然網站數目急劇增加中，域名被註冊速度也很快，但其實還是有不少數字、短英文單詞、短中文拼音組合沒有被註冊。比如用戶經常使用的數字 8、88、66，很短的英文單詞 Dad、Mum、Boy、Girl、Run、Fast、Top、Max，短得只有 2～3 個拼音字母的中文字數量也非常龐大。

一些公司名稱是特有的中文字組合，不容易產生重覆，這與英文不同。兩個隨機英文單詞放在一起，很容易看起來莫名其妙。但是兩個本來毫無關係的中文字放在一起，很多情況下都可以成為一個很自然的品牌名，如奧美、家佳、家樂、中策等，這樣的例子不勝枚舉。

這些幸運數字加短英文單詞，再加上短小的中文拼音組合起來，數目趨於無限，所以可選擇的短小又容易記憶的域名還是相當多的。

紅孩子域名 redbaby.com.cn 是短片語合的很好例子。作為銷售兒童產品的網站，使用 baby 這個詞是順理成章的。但是這麼好的詞，早就被人註冊了。紅孩子的運營者加了另外一個很短的限定詞 red，組合起來還是只有 7 個字母，並且都是非常簡單的英文單詞，念起來朗朗上口，對應的中文詞「紅孩子」也新穎有趣。

3.連詞符的使用

　　有時候企業非常想用某個域名，但是已經被註冊，可以考慮在單詞中間加連詞符。如 panda-inc.com、seo-help.com 等。域名中含有 1～2 個連詞符對大部份用戶來說還是可以接受的。有的時候加上連詞符，可能效果會更好。一長串字母連在一起，反倒不容易讓用戶正確判斷單詞。

　　連詞符過多，如 4～5 個以上，就不太推薦了。雖然從技術上來說，多個連詞符並沒有什麼問題，但現實中的網站使用多個連詞符的往往與垃圾網站相聯繫，會給網站品牌帶來負面影響。數字加短英文單詞加拼音，還有無數選擇，寧可選擇一個短的，也不要為了在域名中包含特定的單詞而使用太多連詞符。

4.域名中包含關鍵詞或相關辭彙

　　如果是英文網站，可以考慮在域名中包含相應的關鍵詞。如賣電池的網站，域名中以某種形式嵌入 battery，賣書的加入 books。不過可惜的是，大部份包含常用詞的短域名都已經被註冊了，所以還是要開拓思路，組合上面所說的數字或加其他修飾單詞。對中文網站來說，域名中包含對應的英文關鍵詞意義並不大。但可以思考怎樣使域名與企業本身的產品、服務、品牌文化產生某種聯想。這種聯想指的不僅是關鍵詞，而可以涵蓋很多方面，尤其是精神和文化層次。

　　如中國的 baidu.com 就是一個經典之作。作為搜索引擎，百度並沒有選擇搜索引擎的中文拼音，也沒有選擇拼音簡寫，也沒有選擇英文單詞搜索引擎加 cn 之類的組合，而是選用了 baidu.com。對應的中文「百度」通過「眾裏尋她千百度」這句

膾炙人口的詞與搜索產生意義上的關聯，而且這種關聯相當具有文化氣息。

螞蟻網是另外一個非常不錯的中文網站域名。螞蟻這個中文詞非常符合螞蟻網社會化網路的特性。螞蟻的群居性、草根性，與螞蟻網要推動的社會化商業具有情感上的巧妙聯繫。而域名選擇中文拼音 mayi.com，只有 4 個字母，簡單易記，完全與中文拼音吻合。據說螞蟻網的運營者是花了大價錢才買到這個域名，確實物有所值。

5.域名以.com 最好

現在的域名種類已經很多了，.com、.net、.org、.tw、.com.tw,再加上國家的當地域名,域名種類恐怕已經有數百個。

國際域名管理機構剛剛批准允許所有企業和個人自創域名種類。如迪士尼完全可以自行申請開通.disney 域名。這就給域名種類帶來了無限多的可能性，恐怕將會打擊域名買賣行業，尤其是高價域名。

域名 business.com 曾經以創紀錄的高價被購買,現在如果有企業對 business 這個域名感興趣,比如迪士尼,他們完全可以申請 business.disney 域名,而不是出高價買 business.com。再比如 seo.com，前一段時間也以 200 萬美元出售。現在感興趣的企業可以申請新的域名種類，如 seo.seo、seo.inc 或 seo.service 等。

允許企業和個人申請新的域名種類，對域名行業的長遠影響還有待觀察。不過從以前的經驗看，新批准的域名種類對普通網站的網路行銷應該不會有太大影響。比較的.cc、.name、 info、.us 等，對最老最傳統的.com 域名影響甚微。無論是用戶還是站長，提到網站最優先的選擇還是.com 域名。所以在可能的情況下，還是儘量選擇註冊.com 域名。

如果是機構組織而非商業網站，第一選擇當然是.org 域名。如果想要的.com 域名版本已經被註冊，那麼.tw，.com.tw 也是不錯的選擇。而註冊.info、.name 或其他更加奇怪的域名類型，除非有很明確的原因，不然不建議站長這樣做。

6.域名註冊以品牌優先

域名註冊時可以適當包含關鍵詞。這是就大部份情況而言。有的時候如果企業或站長目標更為遠大，希望在網路領域創出真正的名牌，那麼建議不要在域名中含有關鍵詞，無論是英文單詞或拼音。

日後能夠成為大品牌的名稱往往是自創詞，短小、念出來響亮、不拗口。

我們可以想一想在現實世界裏最成功的大企業，很少有公司名稱就是產品或行業名稱的。

· 柯達這個詞本身和膠捲、照相機都沒什麼字面上的關係。

· 麥當勞和漢堡包也沒什麼關係。

· 新力也是自造詞，和錄影機、電視也都沒有什麼關係，但念著很響亮。

· 可口可樂和飲料也沒有關係。在可口可樂這個詞創出來前，就沒有可樂這種飲料，而現在可樂已經成為一種飲料的名稱。

· 耐克和鞋、體育也沒有什麼關係。

這樣的公司名和品牌名還可以列出很多很多。特點是公司名、品牌名與他們的產品或行業通用名稱，本來沒有什麼關係。

在網路上也同樣如此。最大的搜索引擎是 Google。Google 本來是個數字，代表 1 後面加 100 個零，在 Google 成名之前，好像沒有幾個人知道這個詞，Google 這個詞和搜索也沒有關係。以網站目錄起家的雅虎，名稱 Yahoo 與網站、目錄也沒有關係。

- 英文網站中最大的搜索引擎是 Google、Yahoo、Live，沒有人會去 searchengine.com 搜東西。
- 最大的網上書店是 amazon.com，排第二的是 bn.com，沒有人去 books.com 上買書。
- 最大的網上拍賣網站是 ebay.com，很少有人會去 auction.com 上去拍賣東西。
- 最大的中文搜索引擎是 baidu.com，而不是 sousuo.com。

從這些例子我們可以看到一個規律，要真正創造一個品牌，最好的方式是拋棄產品或行業名稱作為公司名稱，甚至自給都不用，而應該自造一個念起來響亮的單詞。說一個在域名選擇上自己的經驗。

7.域名應及早確定，不宜改動

企業網站必須及早確定和註冊域名，並且日後不宜再做改動，除非有萬不得已的原因。

就算網站建設設計還要花一點時間，通常也應該把確定好的域名先註冊下來，日後再開通。好的域名想到就應該儘快註冊，不然被其他人搶註，你便會後悔莫及。

網站開通後,所有的行銷工作、流量、品牌,都以確定的域名為基礎,不宜再作改動。在站長聚集的論壇中經常看到有人問,域名改動怎樣才能保證搜索引擎排名和流量不受影響?也有人問,域名不改,但網站內容改為和以前沒關係的網站會怎樣。有的問域名被懲罰,是不是換個域名就能解決了?

針對這種問題,最好的回答就是不要改域名。就算你自己看著不太滿意的域名,一旦開通一段時間就不要再去改它,改了對網站發展也不會有實質性的幫助。如果沒有特殊原因,改域名基本上弊大於利。

如果想做內容完全不同的網站,就註冊一個新域名,完全沒必要用現有域名。要解決域名被懲罰而換域名,則更沒有必要。如果域名被懲罰的原因沒有找到,不解決作弊問題,換多少域名還是會被懲罰。

一旦確定域名,就應該堅持,除非遇到企業兼併或者公司品牌整體戰略改變等,這時網站只是公司整個品牌架構的一部份,當然必須服從整體改動。

8.中文網址問題

中文網址目前主要有三種形式:通用網址、網路實名及中文域名。

通用網址和網路實名實現方式基本上一樣,只不過管理機構不同。網路實名是由 3721.com 推出,後來被雅虎收購。通用網址則是由中文域名管理中心推出。這兩種域名都需要用戶在流覽器中安裝專用插件,用戶在流覽器位址欄中輸入中文時,才會被帶到註冊了這個中文關鍵詞的企業網站。中文域名與上

面兩種方法不同,可以說是真正意義上的中文域名。

網路實名,通用網址和近一年才剛剛紅火起來的中文域名,在某種程度上都有利於網路行銷,尤其是中文域名。但網路行銷人員和企業千萬不要以爲中文網址是網路行銷的救命稻草,不要以爲搶註了關鍵詞作爲通用網址或網路實名就能給自己的網站帶來多大流量。

通用網址和網路實名有兩個最大的問題。第一,用戶必須安裝流覽器插件才能使用。推銷網路實名和通用網址的業務員常常有意無意忽略用戶及關鍵詞網址購買人的差別,只是說通用網址或網路實名有助於中文上網,在流覽器位址欄打入相應關鍵詞,就來到企業網站。這對安裝了插件的域名購買人來說當然是確定的。不過 Internet 上的真實用戶,有多少是安裝了特定流覽器插件的?

第二,就算這不到 1%的用戶能夠通過輸入關鍵詞打開企業網站,但除非用戶知道公司名稱,否則又怎麼會在地址欄輸入公司所註冊的關鍵詞?所以想靠通用網址或網路實名來吸引流量,還是得靠其他網路行銷手法首先告訴用戶公司的中文網址。而這個網路行銷過程與到底採用中文網址還是普通的英文網址沒有什麼關係,並不因爲企業採用了中文網址,就使其他網路行銷方法變得容易和簡單。或者換個角度說,如果網路行銷活動到位,採用普通域名效果也是一樣的。

相比之下,中文域名前途似乎好一些,至少不局限於安裝了插件的那極少一部份用戶。

就目前來說,使用中文網址,包括中文域名的還不多。但

隨著相關註冊商的大力推動，也許在位址欄打入中文詞.com會變得越來越流行。很多推廣和銷售通用網址、網路實名和中文域名的，賣點理由之一就是，中文網址更符合用戶的習慣。其實恰恰相反，絕大部份用戶還是習慣輸入普通域名。有多少人會去流覽器位址上輸入個中文呢？就算今後中文域名輸入變得流行，這類中文域名或通用網址、網路實名，也只是域名的一種，並不比其他域名有優勢。

　　不少公司以高價賣通用網址、網路實名，甚至誘使用戶至少註冊十年，建議大家遠離這樣的業務員。對中文域名感興趣的企業，可以適當註冊公司名稱或主要產品關鍵詞，但千萬不要把中文域名作為網路行銷的靈丹妙藥，更不要把它當做投資機會。最後強調一下，註冊域名時一定要確保域名是註冊在你名下，你有完全的控制權。有些域名註冊服務商是把域名註冊在自己名下，而不是客戶名下，也不給用戶百分之百的控制權，這是極端危險的。

心得欄 ----------------------------------

17

怎樣讓用戶信任你

在網站上賣東西的一大問題是：通常客戶既看不到要買的貨物，也看不到賣東西的人。用戶事先並不知道公司名稱和背景。用戶來到一個網站，怎樣才能相信你和你的網站，確認這不是個騙局，就成了一個大問題。

不時傳出 Internet 上的騙局、網路欺詐、釣魚網站新聞。有一些看起來很低級的騙局，也總有成功的時候。在網上很多人都會整天收到來自諸如尼日利亞等地方的電子郵件，聲稱某皇族或某重要人物留下的遺產需要轉到國外，如果你肯幫忙的話，會付你 10%～20%的好處費。這筆遺產通常是幾百甚至幾千萬美元。稍有經驗的用戶看到這樣的 E-mail 連笑都不會笑了，只能木然地刪除，實際上還真是有用戶被騙的。

除了網路欺詐，網上也確實有一些不良商家，產品品質不好或售後服務很差，也給電子商務總體形象帶來一些負面影響。

無可否認，信任是網上交易的一大心理障礙。建立信任，讓客戶踏實地掏錢購買你的東西，是所有運行電子商務網站的人必須要完成的任務。

在網站上，沒有真實的貨物可以給用戶看或觸摸；也沒有業務員或售貨員能說服用戶，用戶無法靠察言觀色判斷對方是不是騙子；也沒有商場、辦公室可以證明公司的實力和背景。一切都是要靠網站上的一些細節使用戶信任網站，信任網站背後的公司或站長。

1.專業的網站形象

和現實生活中與人的交往一樣，第一印象非常重要。第一眼看上去喜歡的或感覺對的人，大家都願意繼續交往下去。第一眼就讓人覺得不對勁，大家不會花心思去求證到底那裏不對勁，是自己判斷錯了，還是真的不對勁，一般人乾脆就不再繼續交往了。

網站也是如此。用戶打開網站，第一眼看上去就是業餘，如果所賣的東西還是高級商品，用戶恐怕根本就沒有興趣再去調查研究這個網站是真是假，而是簡單地離開再也不回來了。

所以說網站應該以實用為主，美觀其次，但是任何一個認真的商業網站都要具備最起碼的專業形象。使用好的設計師，尋找或購買好的網站範本是建立用戶信任的第一步。

這裏所說的專業形象，絕不是指把網站做得像個門戶。也可能是因為很多網站都是使用那幾種開源 CMS 系統，連範本也都差不多，很多公司網站明明不是門戶，卻做得像是門戶。我們應該配合自己的產品和目標用戶特徵，展現出適合特定網站的專業形象。

除了設計方面的因素，還有些經常會損害網站的專業形象：

·錯別字，嚴重語法問題及病句

· 無效鏈結，點擊後用戶來到不存在的頁面

· 圖片無法顯示

· 「網站正在建設中」的文字

· 網站訪問計數器，尤其是那種歷史悠久的綠色計數器

· 不停閃動的文字

· 頁面上有大量動畫，除非你是賣動畫或遊戲的

· 背景音樂

這些通常會給用戶網站比較業餘的感覺。

如果站長或設計師對什麼是專業形象有疑慮，很簡單，打開 Google、雅虎，一看就知道了。

2.翔實的各類信息

大量有用的信息最能讓用戶信任網站，進而放下心防，導向購買。這裏說的網站信息形式有很多種，包括產品的詳細性能、使用說明、材料、產地、製作方法、公司組織結構、員工培訓，任何與公司產品或服務相關的竅門、技巧、行業新聞、新聞報導等。

這些內容不是用戶在很多網站上能看到的、被抄來抄去的或採集來的內容，而是原創的，針對特定公司產品服務的說明文字。這些原創內容越多越細，說明企業或站長越認真。用戶心裏都會很清楚，騙子肯定不會在網站內容上花這麼多時間精力。翔實的網站信息也可以證明網站背後的企業或站長是否為這個行業的專家，如果不是行家也寫不出這些內容。通過閱讀這些內容，網站在用戶心目確立一個認真的專家形象，就為後續的銷售活動打下了良好的基礎。

和一些貌似門戶的網站相反，有一些企業網站太過簡單，整站不到 10 頁，只有首頁、關於我們、我們的產品或我們的服務、聯繫我們、董事長的話，這樣幾個簡單的頁面。無論文案寫作技巧多高，靠這麼簡單和貧乏的內容，想要讓用戶信任你，難度太大。在所有網站頁面上適當的地方都應該以某種方式提醒用戶網站的產品或服務，能幫用戶解決問題，用戶可以考慮購買。但是不要過度銷售，尤其是一些純信息頁面。網站頁面作用在於建立專家形象，引導用戶進入網站銷售進程。

網站上最好有最新消息，包括新產品、行業新聞、新促銷活動等。一個看上去已經兩年沒更新的網站很容易讓流覽者產生疑惑，這個網站背後的企業還存在嗎？一些網站會在頁面上顯示最後一次更新日期，但是如果顯示的卻是「最後一次更新於 2007 年」，這實在不是一個好兆頭。

在撰寫產品說明時應該假設用戶什麼都不知道。很多時候網站運營者對自己的產品或服務瞭若指掌，有些東西對自己來說是不言而喻的，所以有意無意地在文案中會假設用戶應該知道一些行業術語等。但其實除了一些工業產品用戶外，大部份個人購買者對自己感興趣的相關產品不一定那麼瞭解。如果用戶閱讀網頁過程中碰到一些專業辭彙，還要去搜索研究一下，就會打斷流暢的購物流程。

3.第三方資質認證

網站上的文字無論怎麼寫，還都是網站自己說的，說服力總不如第三方信息來源高。所以如果企業或站長有任何來自第三方的資質認證，都要盡可能放在網站上。來自第三方的資質

認證包括以下方面。

　　專業的第三方認證機構，如：

　　　　·BBB(Better Business Bureaus)：http://www.bbb.org/

　　　　·HackerSafe：http://www.scanalert.com/

　　　　·TrustE：http://www.truste.org/

　　這類專業認證機構會審查註冊會員的網站運營情況，通過認證的會頒發相應的認證 logo。網站將認證 logo 放在明顯的地方，用戶單擊後會被轉向到認證網站的相應頁面上，看到網站的基本信息、認證情況等。這是非常有效地確認網站可信度的方法。這種權威的第三方認證機構在國內還不成熟，但是也有很多能起到類似作用的證書可以放在網站上，如：

　　　　·支付寶、網銀在線等支付閘道的授權使用 logo

　　　　·營業執照

　　　　·政府組織、行業協會會員證書

　　　　·國際 ISO 組織頒發的 ISO 證書

　　　　·企業和個人獲得的任何獎項

　　　　·報紙、雜誌、新聞網站對公司的新聞報導

　　　　·如果企業請了名人做廣告，把相應的廣告圖片、新聞、

　　　　　視頻放在自己網站上

　　這些來自於第三方的認證或推薦都應該盡可能出現在網站上，尤其是在購物過程當中。比如專門建立一個頁面，告訴用戶爲什麼從這個網站買東西是安全的，在這個頁面上列出所有找得到的第三方認證。

　　這些第三方資料應該是可以證實的。如用戶單擊第三方認

證機構的認證 logo 後被帶到認證機構的相應頁面上。行業協會
會員證書或說明文字如果能鏈結到相應行業協會網站上的會員
列表網頁，用戶就可以確認是真實的。

如果有其他網站或報紙、雜誌對公司的報導，也應該儘量
找出報紙、雜誌網路版和新聞網站的相關網頁鏈結過去，方便
用戶確認。如果新聞沒有網上版，至少要把報紙、雜誌上的文
字掃描下來，把圖片放在網站上。

第三方資質認證運用得當可以很有效地提高網站轉化率。

4.一切都是可以驗證的

要證明你說的話。除了第三方資質盡可能引用第三方網站
或掃描圖片作為證據之外，其他關於產品、服務或公司背景的
信息，也都應該盡可能給予證明。

在網頁上誇自己的產品或服務，大部份站長和企業都會這
麼做。要想進一步建立信任度，就要證明你在網站上所說的一
切。

以前有個客戶通過付費會員制網站提供期貨買賣信號與建
議，這當然需要向潛在的會員證明他的預測正確概率是多少，
能幫助會員賺多少錢。客戶在他的網站上不僅列出過去一年自
己交易的數字、盈虧結果，還把自己所有的期貨交易賬戶的抓
圖全部放上網。甚至公佈了他經紀人的聯繫方式（客戶與經紀公
司有特殊協議），存有懷疑的用戶可以聯繫他的經紀公司，詢問
是否有這麼一個人，交易情況是否屬實。這樣，用戶不僅能看
到站長說自己的服務多好，還能驗證事實的確如此。

如果你的網站銷售化妝品，不僅要用文字表現你的化妝品

讓人青春永駐，為證明是真的，為什麼不放上一些使用了你的化妝品的親戚朋友，甚至客戶的照片呢？為證明真實，使用廣告明星的照片並沒有什麼效果，放上普通人的照片更能證明一切。如果你的網站銷售顧問服務，你應該向潛在用戶證明你的學業，以及專業背景。放上大學班級名冊的鏈結、畢業論文或在其他地方發表的學術文章的鏈結，或者鏈結到你在行業論壇或社交網路的賬號網址，讓用戶看到你在那些論壇或社交網路怎樣積極幫助其他人，展現你的專業知識。

如果你在網上沒有任何關於自己的第三方內容，你連行業論壇都沒參與過，那麼你應該問問自己：「我適合提供這個行業的顧問服務嗎？」

5.講述實情

所有人都知道天下沒有免費的午餐。把自己的產品描述得再好，那怕完全符合事實，用戶也知道你還是要賺錢的。

有的網站為了吸引顧客購買，喜歡標榜自己的產品價格多麼低廉，品質多好，自己是在賠本賺吆喝。但是誰都知道，商人不會真的賠本賣東西。如果你的產品價格確實比競爭對手低，品質又與競爭對手相當，為什麼？告訴用戶最真實的情況。

英語中有句話是：「如果一件事看起來不像真的，那一般來說還就真的不是真的」。用戶也都會有同樣的想法。簡單地說，自己的價格比其他所有人都低好多，往往不能取信於人。如果你的價格真的比別人低，品質並不差，你就要詳細告訴大家為什麼。

比如可以這樣說：

我們的產品零售價格比其他所有競爭對手都低 50%，不是因為我們要賠本甩賣。而是因為：一，我們自己就是生產商，網上很多商家都是批發商；二，我們建立了自己的配貨系統，不必使用其他運輸服務，進一步降低了成本；三，我們是最大的某某商品製造商，規模效益使我們原材料、人工成本都降到最低；四，我們使用全自動化的生產設備，使生產效率達到同行業最高。

只有這樣清楚地講述實情，告訴用戶為什麼你的價格比人低，用戶才能相信。

如果你真的是以低於成本價在銷售，就應該告訴用戶為什麼你這麼做。比如為了儘快收回資金，或者房子貸款到期，需要一批資金。

如果你為用戶送上一份禮物，不要說禮物的錢是從自己的口袋裏出。你可以明白地告訴用戶，這是為了向顧客表示感謝，並希望能建立長久的關係。

凡是你的產品或服務有可能引起用戶的懷疑時，都要事先想好怎樣打消他們的疑慮，最好的方法就是以實相告。合情合理的解釋及合情合理的利潤，大部份用戶都會理解，而且會更加信任。

對自己產品的缺點也應該如實相告，不用找一些理由來掩飾。世界上沒有完美的產品，用戶也不會奢望在你的網站上買到價格最便宜、品質最高、功能最全的產品。但是你要告訴用戶實話，與其他企業和網站相比，你的缺點在那裏？為什麼會有這些缺點？比如，我們的虛擬主機價格比較高，這一點毋庸

置疑。既然是事實，我們就不必跟用戶說其實也不高，我們的主機性能好之類的理由，而是告訴用戶實情，價格確實高，因為這裏的帶寬及人工成本很高。

只有最真實的理由才是最有說服力的理由，用戶自然理解。如果用戶的預算低於你的產品價格，對方並不會因為你掩飾價格高這個缺點就變成你的客戶。

6.用戶條款及隱私權政策

大部份人很少看網站的用戶條款和隱私權政策。看這些東西都是希望與你的網站做生意、買東西的、對你的產品感興趣的潛在用戶。面對這些很可能已經放下心防，準備與你做生意的人，你應該在用戶條款、隱私權政策、退換貨政策上再次表明你是替用戶著想的。

通常這類文件都寫得非常官方、嚴謹、冗長、充滿法律辭彙。當然為了保護自身利益，詳細的、符合法律規定的條款是無法避免的，但是可以在這些頁面的最上面，用兩三句話打消潛在用戶的疑慮，以普通人看得懂、也願意看的文字，解釋你的條款。

比如退換貨政策可以這樣開頭：

我們的退換貨政策可以簡單歸納為幾點：(1)凡是產品品質問題，我們負責，用戶盡可以放心。(2)運輸過程中造成的損害，交貨之前的歸我們負責。(3)交貨之後，您要是路上摔了個跟頭，把貨摔壞了，我們就不負責了。要瞭解詳細的退換貨規則，請看下面的條款。

隱私權政策通常就更正式，文字更加拗口難懂，可以考慮

這樣開頭：

我們尊重所有用戶的隱私權：⑴絕不發垃圾郵件給用戶。⑵絕不出售，出租、透露用戶信息給第三方。⑶如果是法院要求用戶信息，我們得遵守法律。如果您對詳細的隱私權政策及我們怎樣收集、使用用戶信息感興趣，請閱讀下面的隱私權政策。

在與客戶溝通的過程中發現，有不少客戶對這種比較通俗輕鬆的寫作方式感到有些疑慮，生怕會傷害企業的形象，尤其是使用在用戶條款、隱私權政策這樣的正式文件中。不可否認，某些公司不適合以這種方式寫作，比如政府網站或律師服務網站。但對大部份中小企業網站來說，通俗、易懂、個性化的文字並不會傷害企業形象。如果你的公司已經是著名的品牌，用戶反倒會感覺到親切輕鬆。如果你的公司大家並不瞭解，你的網站首先要做的是拉近距離，建立信任，然後才談得上品牌和形象。高高在上，冗長乏味，等於根本沒有給用戶閱讀你文字的機會，還談什麼品牌形象呢？

7.聯繫方式一應俱全

網站應該建立單獨的聯繫我們頁，列出盡可能多的聯繫方式，包括 E-mail 位址、通信地址、電話、MSN 等。很多騙局網站，如果大家仔細看一下的話就會發現都是沒有電話及通信地址的。這些騙局網站要麼沒有「聯繫我們」頁，要麼「聯繫我們」頁只有一個聯繫表格，很可能連 E-mail 位址都沒有列出來。

當然不是說只放聯繫表格的網站一定是騙子網站。但如果網站盡可能詳細地把聯繫方式都列得很清楚，無形中會增加用

戶的信任感。很多行業裏其實列出通信地址和電話，也不會有人給你寫信或登門拜訪，也很少有人給你打電話。但是列出這些信息，就展現了網站的坦誠。更何況有的網站轉化客戶的主要方式就是希望客戶主動聯繫，而不是直接在網站生成訂單。

8.退款保證

無條件退款保證在歐美網站上幾乎是一個不成文的慣例。根據美國法律，用戶只要在購買後一定期限內要求退貨，商家必須無條件退款，這是由法律規定強制執行的，雖然很多消費者並不清楚這一點。商家可以把無條件退款保證作爲提高信任度的一個因素，反正也是不得不做的事情。

國內網站非常明顯地強調無條件退款保證的似乎還不多。提供無條件退款，並確實做到，往往能極大提高轉化率。流覽者之所以在買與不買之間猶豫，很大一部份擔心就是怕買回來才發現不合適。如果商家強有力地保證，無論如何情況，只要用戶對產品不滿意或者只是不合適，商家百分之百無條件退款。對用戶來說，購買就變成零風險，喜歡就留下，不喜歡就退回，不會吃虧，何樂而不爲呢？

當然實行無條件退款有一定的風險，尤其是在某些行業或地區，這還有待於用戶群體素質的提高。

網站經驗來看，購買之後真正要求退款的客戶是極少數。而且退款保證時限越長，轉化率越高，更奇妙的是，退款保證時限越長，退款的越少。原因可能是客戶覺得反正還有時間，過一段再說，往往過一段時間也就忘記了，或者不想再要求退款了。

所以如果其他網站不提供退款保證，或只提供 30 天，你的網站提供一年退款保證，你就佔據了一個更有力的位置，更讓用戶放心。當然如果是實物產品的話，前提是沒開封沒使用。

最好的退款保證就是無條件退款。什麼都不要問，只要用戶不滿意、要退貨，商家就退款。客戶要求退款時，不要試圖讓客戶回心轉意，為退貨製造障礙。因為越是讓客戶心中添堵，以後越不可能再次購買。如果你把退貨退款過程變成一個乾脆俐落又愉快的經驗，用戶會記得你，下次需要時會想起你，也很有可能向別人提到你、宣傳你。所以處理退款退貨不僅要乾脆，還要面帶微笑，不要讓用戶產生任何壓力。退款期限越長越好。人都是又懶又容易忘記的。如果你要求三天之內才能退貨，這其實是在逼著用戶立即做出退貨決定，過了這時間就沒機會了。但是如果你改為 30 天甚至一年，用戶就不急著做決定，明天再說吧。過一段時間，很多事情都會發生變化，也許用戶就忘記了，也許再想想產品也還不錯，或者僅僅因為時間一長，心情平復，不那麼想退貨了。

9.站長不要藏在網站背後

在討論網站文案寫作時就提到，網站上不妨放上一些個人風格的文章，讓流覽者感覺到網站背後那個活生生的人，而不是一個虛無縹緲的公司，或只是冷冰冰的網頁。除了個性化文章，站長還應該想其他辦法讓流覽者看到網站背後活生生的人。無論是個人網站，還是一個團隊都是如此。

最好的方式就是放上企業員工的照片，如果可能的話，還可以放上一段視頻。這些照片或視頻不必是正兒八經的身份證

照，而是具有真實感的生活照或工作照，像公司員工新年聚會、在辦公室爲員工慶祝生日、員工代表公司參加社會活動、抗震救災、參加行業大會、接受媒體採訪等。

很多企業都有各種各樣、豐富多彩的公司活動，這些活動能非常具體地證明公司的存在和歷史，但是因爲懶惰或者覺得這些是小事，沒有充分利用起來。往往能打動流覽者，讓流覽者信任的就是這些小事情。你比其他網站多走一小步，就多了一份親切感和信任感。與此正相反，有那個騙子網站願意花時間在這些細節上呢？

10. 客戶評論

「王婆賣瓜——自賣自誇」。自己說自己好，說服力總是不夠高，但是其他人誇就不一樣了。第三方認證、新聞報導是一方面，客戶是另外一項極具說服力的信息來源。

很多時候客戶的評論比任何文字都管用。應該在網站上建立專門的客戶評價頁面，盡可能找現有客戶幫你寫一些評價文字。不一定都是誇獎的話，也可以提不足，最要緊的是要寫得真實可信。有一些負面的評價，看起來更真實。

客戶評價不能是自己瞎編亂造的。客戶評價也必須是可以驗證的，應該留下客戶的真實姓名、電子郵件位址，甚至電話。流覽者願意的話可以聯繫客戶，驗證評價的真實性。

作爲交換，網站可以給寫評價的客戶提供折扣、獎券，或者鏈結到客戶自己的網站，給對方帶來一些網路行銷價值。聯繫客戶寫評價時要很清楚地告訴客戶，這些評價將會被發表在網站上，要取得客戶的授權，以免日後有糾紛。

另外，客戶評價文字一定要原汁原味，不要編輯。各種性格、各個地方、各個階層的客戶，語氣很可能都不一樣。只有原汁原味的話才最鮮活、最有說服力、最能取信於人。

開設論壇也是提供客戶評價的一種方式。在客戶論壇上，客戶不僅可以詢問各種問題，客戶與公司的交流其實會被其他流覽者看在眼裏，也是客戶評價的一種方式。

11.佔領搜索引擎結果

網路行銷人員應常在搜索引擎搜索自己的公司名和品牌名稱，檢查排在前面的搜索結果是否有會對公司造成影響的負面新聞。

最需要避免的兩種情況：一是搜索公司名稱或品牌名稱，幾乎沒什麼內容返回，這說明公司基本上沒歷史、沒用戶、沒評價；二是返回結果前十或前二十名中大部份是負面新聞。

很多用戶在購買產品前都會在搜索引擎上尋找關於公司或站長的背景信息，而不是完全相信網站上所說的話。搜索引擎結果與網站互相引證對照，會讓用戶更加放心。至於怎樣在搜索結果中返回更多關於公司的正面信息，請參考社會化網路行銷部份。

12.即時在線客服

也許是因為受到網店影響，很多獨立域名網站也提供即時支援或客服。

其實如果用戶需要向即時客服人員詢問才能找到產品信息，這說明網站的設計、易用性、內容規劃出現了問題。網站設計的最好狀態是，用戶需要的信息都已經在網站上了，而且

在用戶需要的時候，適時地出現在游標旁邊。

即時客服不應該僅僅作爲輔助用戶尋找信息、彌補網站缺陷的工具，而更應該作爲建立信任的工具。大部份用戶能找到一個活人與之對話，無論是通過在線聊天或是電話，那怕只是短短的一句，只要能找到一個活生生的人，用戶心裏就踏實了很多。

最後要強調，所有這些讓用戶信任你和你的網站的手法，都必須是在誠實經商的前提下。這裏所討論的是怎樣完整、真實地展現網站的實力，而不是欺騙。在網站上盡可能以事實說服客戶，但是不要誇張，不要造假。

心得欄 -----------------------------

18

善用購物車的方便性

購物網站是最能體現提供說服用戶達到網站目標的例子。購物車程序是購物網站必不可少的。

購物車系統通常都是由編程人員設計和編寫，有的地方不一定符合易用和網路行銷的原則。如果選擇商業軟體或開源購物車軟體，那只能在挑選軟體時注意調查程序易用性。如果企業自己開發購物車系統，可以注意下面一些購物車易用性的問題。

1.「放入購物車」按鈕必須十分明顯

在不破壞頁面均衡美觀的前提下，「放入購物車」儘量使用顏色突出的大按鈕，如果是白底黑字，按鈕就用紅色、黃色等視覺衝擊力最強的顏色。

購物車按鈕不是表現含蓄的地方，必須讓用戶一眼就看見。當用戶閱讀完產品信息想購買時，完全不必尋找購物車按鈕，因為用戶一打開頁面時就已經看到了。

2.購物車按鈕文字

按鈕上的文字可以做一些實驗，試用「放入購物車」、「立即購買」、「購買」、「立即節省××元」等版本，看那一個的轉

化率最高。

曾有機構通過對一些用戶的調查發現，使用「立即購買」對一部份用戶會產生心理壓力，尤其是對網上購物不太熟悉的新手，「立即購買」這樣的文字可能使用戶誤以爲單擊按鈕以後就必須購買，沒有機會再調節購物車內容或繼續看其他產品。大部份用戶對「放入購物車」就感覺比較輕鬆，用戶都知道，和在超市一樣，「放入購物車」後還可以繼續流覽或者把產品拿出購物車。

有的購物車還具有產品收藏功能，這個收藏按鈕上的文字也應該注意精準。注意到收藏按鈕叫做「放入暫存架」，暫存架這個名稱對初次使用當當網的用戶來說就顯得有點不知所云，和購物車有什麼區別不是很清楚。

3.隨時放入購物車

網站應該方便用戶隨時把產品放入購物車，在產品介紹頁面最上端，如價格、型號、產品名稱、簡要說明旁邊就應該有「購物車」按鈕。產品描述結束，還應該再次顯示「購物車」按鈕。

在訪問好孩子網站及當當網時，都注意到在詳細的產品介紹之後沒有「購物車」按鈕，用戶要購買還要拉動頁面回到最上面，才能把產品放入購物車，這給用戶購物增添了一道完全沒有必要的手續。要知道每多一次點擊，就會流失一部份用戶。

4.編輯購物車

購物車系統也應該允許用戶編輯購物車內容，修改要購買產品的數量。如果產品還有顏色、尺寸的區別，也應該允許用

戶在購物車內直接編輯，而不必刪除產品，重新選顏色、尺寸，再次放入購物車。

5.非註冊用戶

購物車系統應該允許所有用戶把產品放入購物車，這包括註冊用戶及非註冊用戶。有一些購物網站在非註冊用戶單擊「購物車」按鈕後，要求用戶先註冊賬號。這不是一個好主意。系統應該允許非註冊用戶自由添加購物車，繼續購物，直到用戶想完成付款手續時，再要求用戶註冊賬號或登錄已有賬號。

非註冊用戶第一次單擊「購物車」按鈕把產品放入購物車時就要求註冊，會給用戶帶來一些心理負擔，從技術上也完全沒有必要。

6.隨時隨地查看購物車內容

用戶應該能在任何地方、任何頁面，清楚地看到購物車內容。

有些購物網站把購物車內容放在單獨的購物車頁面，用戶需要單擊「購物車」鏈結，才能看到購物車中已經有那些產品。這也是給用戶購物增加了一個完全沒有必要的點擊步驟。

購物車系統應該在左側或者右側邊框的最上端顯示購物車內容，這樣用戶無論身處那一個頁面，都可以立即看到購物車裏都有了那些產品，從而決定是繼續購買，還是買得差不多該付款了。

7.付款及配送方式

盡可能提供各種可能的付款及配送方式。付款方式包括貨到一手交錢一手交貨、信用卡、網上銀行等。配送方式可以包

括普通郵寄、郵政快遞、UPS、Fedex 快遞等。不同用戶有不同的偏好和需求，給出儘量多的選擇（反正一共也沒幾種選擇），才能滿足所有用戶的要求。在網站上就發現，有些用戶會選擇一些很少見的運貨或付款方式，比如有的客戶就喜歡西聯匯款。雖然比信用卡要麻煩得多，但是就有人喜歡。

8.不要打擾用戶付款

刪除付款過程中所有不必要的內容。用戶確認購物車內容，進入付款程序後，頁面上不要出現任何可能打擾用戶視線、分散注意力的東西。

使用最精簡的導航系統，甚至不要放左側的產品分類。一旦用戶進入付款程序，不要再放五顏六色的旗幟廣告，不要再放會吸引視線的圖片。以最簡單的頁面和最少的點擊次數，儘快完成訂單確認和付款手續。

9.在購物過程中儘早顯示產品價格

產品原價、促銷價格、用戶節省的金額、運費、是否有現貨等信息，最好在產品說明頁面的最上端就顯示。有些網站對顯示和突出產品價格似乎有一種恐懼感，怕顯示價格會嚇跑用戶。其實用戶來到你的網站，就知道你是在賣東西，而不是在免費發東西。用戶最想知道的信息之一就是價格，應該以最鮮明的方式，在最早的時間告訴用戶產品價格，包括運費。

不要試圖先說服用戶購買，然後在購物車中再顯示價格。第一，用戶看不到價格，很少會做出購買決定。第二，就算用戶沒看到價格時想買，看到了價格也只能接受心理承受力之內的價格。如果價格太高，不管什麼時候顯示用戶都不會購買，

還不如早點顯示，省得使用戶有被欺騙、被忽悠的感覺。

除此之外，產品存貨也需要儘早向用戶顯示。如果產品缺貨，一定要明確告訴用戶，不要讓用戶放入購物車後才發現沒有貨。

10.訂單確認信息完整

訂單確認頁面應該顯示所有用戶可能想看到的訂單信息，包括所有購物車內產品的名稱、價格、型號、尺寸、所給的折扣、用戶位址、選擇的付款方式、配送方式及預期到貨時間等。只有在最後付款之前的訂單確認頁面詳細列出這些信息，沒有任何誤解，才能讓用戶輕鬆地進入付款程序，並且減少日後引起紛爭的可能性。

11.用戶賬號

爲所有購買用戶建立賬號。當用戶第二次購物時，或者通過 cookies 辨認用戶身份自動登錄，或者在需要付款時請用戶登錄入已有賬戶，無須重新填寫地址、姓名等信息。

12.付款進程指示

在確認訂單後完成付款過程中，頁面應該清楚地顯示一共有幾個步驟，如檢查購物車內容、註冊或登錄賬號、確認訂單、付款、購買完成等，並且通過箭頭或不同顏色的字體顯示出用戶現在處在那一個步驟，讓用戶對接下來所需要完成的步驟和需要的時間有個心理預期。

未知總是一個心理障礙，如果不知道下面還有幾步，會使用戶產生焦慮感。

19

網路促銷要配套

促銷配套指的是產品本身之外，能夠幫助說服用戶購買的附加好處。比如一個賣女生服裝的網站，在產品說明結束處，加上這樣的文字：

· 清倉大減價，10 月 31 號截止，全場 7 折。

· 購買任何一件衣服，免費贈送精美髮卡一個。

· 購買 3 件以上打 5 折。

· 促銷期間，全場一律免運費。

· 機不可失，時不再來，10 月 31 號促銷準時結束。

這就是一個促銷配套，裏面列出的條目與產品本身關係都不大，但每一條都給用戶一個附加的購買吸引。

很多時候用戶流覽產品信息覺得不錯，但是又沒有做出購買決定。正在猶豫不決時，一個撰寫精彩的促銷套裝信息就可能成為衝破用戶購買心理障礙的最後一擊，促使用戶拿出錢包。

促銷套餐的構成和描寫最終效果是讓用戶覺得無法拒絕，若錯過了這麼好的機會，簡直對不起自己。促銷配套中有以下幾個可以考慮的元素。

1.時間緊迫感

推動用戶現在立即購買，不要等明天，現在就拿出錢包。用戶今天沒在你的網站購買，明天就可能在其他網站購買，所以應該給用戶一定的時間緊迫感。促銷內容可以是限時，也可以是限量，總之是讓用戶認識到，這麼好的機會現在不抓住，以後就沒有了。當然無論是限時還是限量，都必須讓用戶相信，那種貼了一年都沒有變化的清倉大拍賣是不可能說服用戶的。在住家附近，有的小服裝店掛著拆遷大拍賣的牌子，竟然一掛就三四年，同樣的衣服、同樣的店主、同樣的店名，這只能增加不信任感，而不會增加時間緊迫感。

在說服用戶限時限量是真實的時候，最好的方法就是說實話。在文案寫作中提到過的，說實話是最有感染力、最有說服力的。像最常見的過季衣服甩賣，秋天已到，甩賣夏季衣服，用戶完全可以理解。或者明白告訴用戶，就是爲了提高市場佔有率或擠垮競爭對手。或者貨品有小的瑕疵，所以低價甩賣，售完即止，用戶也更能相信。不要跟用戶說僅僅是因爲商家善良，願意少賺點錢。

以前在很多英文網站上曾經流行過一種手法，通過簡單程序代碼在網站上自動生成文字，比如「在 2000 年 10 月 1 日零點前購買，一律打 5 折」。裏面的日期是程序根據伺服器時間自動生成的，假如用戶 10 月 1 日訪問時是「10 月 1 日零點前」，10 月 2 日來看時，就變成了「10 月 2 日零點前」。這種虛假的時間緊迫感，能起一時作用，但用戶們很快就明白是怎麼回事了。限時限量，增加時間緊迫感，必須說到做到，取信於用戶。

2.出現在正確時間

促銷配套信息要出現在正確的時間。通常這個正確的時間，就是產品說明結束，就要顯示「購物車」按鈕的地方，網站應該把促銷配套的主要內容以要點形式清楚說明一遍，就像賣女生服裝網店例子中所寫的。

看完產品信息是用戶要做決定的時刻，這時向用戶展現產品之外的這些好處，最能幫助用戶在猶豫不定中做出有利於網站的購買決定。有些網站把促銷信息放在首頁，以旗幟廣告的形式顯示，但是當用戶來到產品頁時，卻沒有顯示折扣、免費禮物、免費運貨等配套，有些網站把促銷信息放在首頁，經常以旗幟廣告的形式顯示，但是當用戶來到產品頁時可能已經忘記了網站首頁顯示的促銷內容，產品頁沒有顯示折扣、免費禮物、免費運貨等促銷配套信息，就失去一次再次說服用戶購買的機會。

有時候，不同的促銷活動適用於不同的產品。如果促銷活動比較多,產品頁面更應該寫明這個產品適用於那些促銷配套。

3.免費禮物

網站必須在最恰當的地點向用戶再次重申促銷配套中的免費禮物。免費是最有力的行銷工具之一。

購物網站給用戶一些免費禮物，是推動用戶做出最後決定的最有效手法之一。賣信息類產品的網站使用免費禮物最熟，也最為有效。比如一本電子書價格 37 美元，同時，買了這本書的用戶會得到多達 10～20 本、價值 100 美元的免費電子書。這樣的免費禮物配套給用戶的感覺是，這電子書買得太划算了，

不買是自己的損失。當然這些免費贈送的電子書也不能是網上四處能看到的，而必須是真正標有價格、有價值的電子書。

贈送數字形式免費禮物，對網站來說不增加任何生產和送貨成本，對用戶的心理影響卻很大。電子書、螢幕保護程序、行業報告、會員網站等，也都可以用在賣實物的網站上。

賣實物的網站也可以送實物的禮物，買衣服送髮卡，買戒指送太陽眼鏡，買奶粉送件玩具等。這些免費禮物的價值不用很高，幾塊錢足矣，起作用的關鍵在於讓用戶感覺到划算、高興、滿意。

4.免費運貨

賣實物的網站免費運貨也是一個有效的促銷手段。有不少網站收取的運貨費並不高，只是 20 元而已，在這種情況下，完全可以為用戶免費送貨。比如購買金額達到某個數值運費全免，或購買件數達到多少運費全免，或者網站的政策就是沒有運費。

當然運費成本是要加在產品價格中的，網站需要計算平均用戶訂單金額是多少？分攤到的運費是多少？產品價格需要增加多少才能抵消運費成本？如果產品價格因此增加過高，失去競爭力，也就無法把免費運貨作為網站的促銷手段。

很多情況下，20 元的運費消化在產品價格中完全不是問題，用戶感覺不到明顯的價格差異，而免費運貨這個促銷內容，對用戶則有很大吸引力。

5.折扣、代金券等

促銷套餐說明中還要強調用戶購買時節省了多少錢，得到

了多少折扣，或者直接顯示一個現金優惠券號碼，用戶付款時可以使用。這些折扣其實重要的不在於數量，折扣是打 3 折還是 3.5 折，用戶的心理差別並不大，但是不打折和打折的心理差別就大了。

所有的用戶購買時都有一個心理負擔，那就是擔心沒以最好的價格買到最好的東西，擔心自己買東西付的價格比別人高。網站的促銷信息應該清楚地告訴用戶，這就是用戶能得到的最好價格，絕不會吃虧，讓用戶放心購買。

促銷配套文字的撰寫，其實很有講究，既要清楚簡明地列出所有帶給用戶的好處，又要有煽動性，還要有真實感。這種文字的寫作是需要經驗和鍛鍊的，讀者可以參考網站文案寫作部份。

心得欄 ------------------------------

20

怎樣避免郵件被當成垃圾郵件

一、垃圾郵件的過濾方法

電子郵件送達率是衡量電子郵件行銷效果的重要指標之一。隨著垃圾郵件越來越氾濫，世界上所有的 ISP 和伺服器提供商都採取了越來越嚴厲的過濾垃圾郵件措施，同時也給正常郵件，以及合法合理、用戶歡迎的電子郵件行銷帶來不便。不過這是大勢所趨，不是行銷人員能解決的。

電子郵件行銷人員能做的是儘量減少自己的郵件被當做垃圾郵件的機會。要做到這一點，首先需要瞭解主要的垃圾郵件過濾方法。

1.以觸發式過濾演算法鑑別垃圾郵件

這種篩檢程式通常已經安裝在電子郵件用戶端軟體或郵件伺服器上。其原理是過濾軟體檢查郵件的發信人、標題、正文內容，以及郵件中出現的鏈結和域名，甚至電話號碼。當發現帶有明顯廣告性質，或經常出現已知垃圾郵件的典型特徵，則給這封郵件打一定的垃圾郵件特徵分數。當分數達到一定數值時，郵件將被標誌為垃圾郵件，直接過濾到垃圾郵件文件夾。

比如，郵件標題中出現¥、$符號，可能給予 2 分垃圾分數。郵件內容中出現「免費」、「發票」、「促銷」等典型垃圾郵件中經常出現的辭彙時，也各給 1 分。郵件中如果包含已經被確認的經常發垃圾的域名，再加 1 分。甚至郵件內容中出現被確認與垃圾郵件相關聯的電話號碼，也給個分數。當這些垃圾分數相加達到某一個數值時，比如達到 10 分，這個郵件將被標誌爲垃圾。

2.以黑名單為基礎

有一些創建和維護鏈結郵件黑名單的組織，專門接受用戶的垃圾郵件投訴，如果確認確實是垃圾郵件，黑名單運行者將把發送垃圾郵件的伺服器和用戶 IP 地址放入黑名單。

比較有規模的垃圾黑名單組織通常都與其他 ISP 及伺服器運營商共用黑名單數據庫。一旦某個 IP 位址被列入黑名單，世界上很多 ISP 和郵件伺服器將拒收來自這個 IP 位址的所有郵件。

有的時候用戶投訴，其實並不是真的因爲所收到的郵件是垃圾郵件，而是用戶忘記了曾經註冊這個電子雜誌。如果你的 IP 位址被錯誤地投訴而列入黑名單，唯一的方法是聯繫黑名單維護組織，說明情況，提出證據，要求把你的 IP 位址從黑名單中刪除。不過這一過程有時非常複雜艱難。

3.郵件防火牆

很多大公司的伺服器是運行在郵件防火牆之後，這些防火牆會共同地使用各種篩檢程式及黑名單，再加上自行研製的一些演算法，來鑑別和剔除垃圾郵件。這些防火牆的演算法則更

複雜，並且不與其他人分享細節，對正常郵件的送達也可能起到致命的影響。

4.使用郵件確認

當電子郵件賬號收到一封 E-mail 時，這封 E-mail 會首先進入待送達隊列中排隊，同時自動回覆給發信人一封確認郵件。確認郵件中包含一個確認鏈結，或標題中包含有一個獨特的確認序列號，只有原來的發件人單擊確認鏈結，或回覆這封確認郵件，發信人的郵件地址才會被列入白名單，原來所發送的第一封原始郵件才真正被送達到收件箱。

鑑別和阻擋垃圾郵件大致上是這幾種方法，有一些郵件伺服器可能會綜合使用這些方法。

二、降低被當做垃圾郵件的機率

為了避免郵件被這些過濾手段鑑別為垃圾郵件，應該注意下面一些問題。

1.檢查伺服器 IP 地址是否在黑名單中

選擇郵件伺服器時，應該檢查伺服器提供商的 IP 地址是否被列在主要的垃圾黑名單中。國際上主要的垃圾黑名單包括：

spamhaus.org

spamcop.net

dsbl.org

spamblock.outblaze.com

用戶可以在網上即時查詢自己的伺服器 IP 位址是否被列

入黑名單。當然在使用過程中也不能排除某些用戶發送垃圾郵件影響到其他用戶。如果發現郵件送達率、閱讀率有異常降低，應該隨時監控 IP 位址在主要黑名單的情況。

2.郵件撰寫的注意點

⑴在郵件標題及正文中都儘量少使用敏感的、典型垃圾郵件常使用的辭彙，如英文的偉哥、貸款、色情圖片、獲獎、贏取，以及中文的免費、促銷、發票、禮物、避稅、研修班、折扣、財務等。不是說這些詞本身有什麼問題，也不是完全不能用，而是儘量少用，以免觸發垃圾過濾演算法。

⑵少使用驚嘆號，減少使用誇張的顏色，尤其是加粗的紅色字體。這都是典型的垃圾郵件常用的吸引眼球的方法。如果是英文郵件，不要把很多詞完全用大寫。

⑶郵件內容、標題、發件人姓名都不要使用明顯虛構的字符串。比如有的垃圾郵件發送者當然不會告訴別人真名實姓，就在發信人名稱中隨便寫上幾個字母。維護垃圾過濾演算法的人也不傻，這種莫名其妙的隨機字符串通常都是欲蓋彌彰的垃圾郵件特徵。

⑷ HTML 郵件代碼應該簡潔，減少使用圖片。雖然 HTML 郵件允許使用圖片美化郵件，但是圖片與文字相比應該保持在最低比例。圖片越多，被打的垃圾分數可能越高。

3.註冊流程的注意點

⑴用戶提交註冊表格後顯示的感謝頁面及確認郵件中應該提醒用戶把你的域名，以及郵件地址加入到用戶自己的白名單和通訊錄中。

郵件用戶端軟體通常都在垃圾篩檢程式設置中有白名單選項，絕大部份免費郵件提供商，如雅虎、hotmail、gmail 也都有相應的設置。把電子郵件位址存入通訊錄中也起到相同的效果。

(2)如果某封郵件已經被過濾到垃圾郵件夾中，提醒用戶單擊「不是垃圾」按鈕，告訴篩檢程式判斷錯誤了，這些回饋信息會被郵件伺服器的過濾演算法所統計和運用在今後的演算法中。

(3)給用戶最簡單方便的退訂方法。在發給用戶的所有郵件中都應該包含退訂鏈結，用戶單擊這個鏈結，程序就會自動將其 E-mail 位址從數據庫中刪除。這個退訂方法越簡單越好，如果做得很複雜，用戶可能寧可去按更簡單的「報告垃圾」按鈕，造成的損失更大。

(4)及時處理投訴。如果收到用戶或 ISP 的投訴，必須儘快處理。如果是用戶忘記自己曾經訂閱你的電子雜誌，錯誤投訴，應該把完整證據，包括用戶的姓名、電子郵件位址、訂閱時的 IP 地址、精確訂閱時間，提供給 ISP 和垃圾黑名單運營組織。在絕大多數情況下，只要提供確實證據，ISP 和垃圾黑名單組織都會理解。

(5)及時處理退信。由於種種原因，發送出去的 E-mail 不一定能送達到對方伺服器，而是被退回。對退回的郵件位址應該及時進行鑑別和處理。大量收到退信的用戶，很多 ISP 也會格外注意，甚至被列入黑名單。後面還有關於退信處理的更詳細內容。

(6)大型網站，或擁有數量龐大的用戶數據庫的網站，很可能需要與主要 ISP 就郵件問題保持聯繫。一些大型電子商務網站和社會化網站可能有幾十萬幾百萬，甚至上千萬用戶，郵件發送量巨大，很難保證所有用戶都記得曾經註冊過相應服務或郵件列表，被投訴爲垃圾郵件的情況一定時有發生。與主要 ISP 保持溝通就變得非常重要，不然 IP 地址被列入黑名單，通過正常管道可能要花費很長時間才能解決。

(7)及時處理確認郵件。發送行銷郵件的郵件位址需要有專人查看，發現需要確認郵箱位址時，只能人工點擊確認鏈結，或回覆確認郵件。

(8)最後，考慮使用專業電子郵件行銷服務也是一個選項。專業的電子郵件行銷提供商具備更多經驗，詳細記錄郵件送達率，密切監測自己的 IP 地址是否有被列入黑名單，並且與主要的 ISP 都有密切聯繫。

心得欄

- -

- -

- -

- -

- -

- -

21

怎樣吸引讀者打開你的郵件

郵件順利通過垃圾篩檢程式進入讀者收件箱，也不意味著郵件就會被打開閱讀。

所有使用電子郵件的人現在都面臨著同樣的處境：打開郵箱，每天收到幾十、幾百封郵件，其中 95%是垃圾。大部份人在打開郵件之前要做的是流覽一下發信人及標題，凡是看著像垃圾的，直接就刪除了。

吸引讀者打開你的郵件現在也越來越成爲一個挑戰。2006年 12 月，Return Path 公司所做的一項調查列出讀者打開和閱讀郵件的主要原因 (http://www.returnpath.biz/pdf/holidaySurvey06.pdf)。

認識並信任發件人	55.9%
以前打開過發件人的 E-mail，覺得有價值	51.2%
郵件標題	41.4%
經常閱讀的郵件	32.2%
郵件預覽吸引了讀者	21.8%
打折信息	20%
免費運貨促銷	17.5%

　　從這組數字我們可以看到，最能夠促使讀者打開郵件的不是促銷打折，而是是否知道發件人是誰？是否信任發件人？所以很明顯，要吸引訂閱者打開你的郵件，首先要讓他知道這封郵件是誰發的，而且要想方設法讓訂閱者記住你是誰。

　　在打開郵件之前，用戶通常只能看到兩個信息：發信人和郵件標題。電子郵件行銷人員也只有這兩個地方可以用心思，促使訂閱者打開郵件。

　　在探討怎樣寫發信人名稱和標題前，我們先看看典型的垃圾郵件是怎麼寫的。相信所有人都經常接到這樣的垃圾郵件：

發信人：郁小姐

主題：票據代理

發信人：江生

主題：合作信息

發信人：ADSF

主題：發票

　　這種郵件眼睛一掃就知道全是賣發票的，不用打開就可以直接刪除。

　　相反，正規的電子郵件行銷人員應該在發信人名稱和標題上注意以下幾點。

1.發信人名稱使用電子雜誌的正式名稱，並且保持一貫性，不要輕易改動

　　比如你的電子雜誌叫「爸爸媽媽月刊」，發信人名稱就使用「爸爸媽媽月刊」。訂戶註冊爸爸媽媽月刊時就應該已經注意到這個名稱，再加上收到確認郵件，以及每個月定期收到爸爸媽

媽月刊，訂閱者自然會記住這個名字，並且產生信任感。

2.郵件標題要準確描述本期郵件的主要內容，避免使用高調的廣告用語，用詞儘量平實

MailChimp 是一家專業郵件行銷服務商，他們通過對四千萬電子郵件的打開率進行跟蹤調查得出結論：好的標題能使郵件閱讀率達到 60～87%，而不好的標題，郵件閱讀率只有 1～14%。（讀者可以在這裏看到詳情：http://www.mailchimp.com/resources/subject-line-comparison.phtml。）

打開率高的郵件標題包括：

· [公司名稱]銷售新聞
· [公司名稱]最新消息(10～11 月)
· [公司名稱]2005 年 5 月新聞公告
· [公司名稱]電子雜誌 2006 年 2 月
· [公司名稱]邀請您
· [公司名稱]祝您節日快樂
· 網站新聞第三期

而打開率很低的郵件標題包括：

· 限時促銷
· 情人節大促銷
· 節省 10%
· 假日優惠券
· 情人節美容按摩大優惠
· 禮券大放送

我們可以看到，那些直接平實得有點無聊的標題，打開率

反而比較高。當然這也要配合訂閱者對公司名稱或電子雜誌名稱的認識度。而促銷優惠之類的東西，大家都已經從厭倦到不再關心了。

郵件標題個性化，即在郵件標題中出現訂閱者的名字通常能吸引讀者注意，大大提高用戶友好度，比如：「Zac，爸爸媽媽月刊祝您春節快樂！」

如果電子郵件行銷系統設計得當的話，可以將訂閱者名字動態插入到標題和正文中，實現個性化。看到這樣的郵件標題，就能充分感受到電子雜誌運營者對訂閱者的關注和尊重。大部份訂閱者其實並不知道這是通過程序自動實現的。

在可能的情況下，郵件標題最好也能強調郵件內容給用戶帶來那些好處。

網路文案的寫作必須關注於用戶本身的需求，以及能給用戶帶來什麼好處。這也適用於郵件標題。不過區別是郵件標題不適宜太高調，而要儘量平實化一些。

綜合上面幾點，比較好的發信人及標題組合例子是這樣：

發信人：爸爸媽媽網

主題：Zac，爸爸媽媽月刊，2008 年第五期

或

主題：Zac，你知道怎樣讓嬰兒安靜入睡嗎？

對於一個正在面臨著養育下一代的父母來說，這樣的郵件打開率不會低到那裏，而且在可預見的一段時間裏不會退訂。

22

行銷郵件的內容規劃和格式

解決了吸引用戶註冊和郵件發送的問題之後，還要關注郵件的具體內容及格式。

行銷郵件的內容規劃同樣適用上述原則：為用戶著想，對用戶有用，這一句放在那裏都合適。

1.定期發送

成熟的電子郵件行銷計劃，必須確定好郵件的發送頻率，並嚴格執行，千萬不要突然連續發幾封 E-mail，然後隔幾個月又沒消息了。

如果是電子雜誌月刊或週刊，當然發送週期就已經確定了，每月一次或每週一次，就算不是定期的電子雜誌形式，其他郵件列表也應該有一個適度的發送週期，通常以一個月一到兩次比較合適。這樣訂戶既不會因為長時間沒有收到郵件而忘了自己曾經訂閱過這個郵件列表，忘了網站，甚至再次收到郵件時以為是垃圾郵件，也不會因為短時間內收到太多郵件而覺得厭煩，造成退訂或報告垃圾郵件。

建立固定的收到郵件的心理預期，對留住訂戶，建立信任度是非常重要的。

2.郵件內容始終如一

行銷郵件的內容不要偏離當初訂閱時所承諾的方向。如果註冊說明承諾郵件將以小竅門爲主，就不要發太多廣告。如果承諾是以新產品信息和打折信息爲主，就不要發與用戶實際上不相關的公司新聞。

承諾發送什麼內容，就要在實際的執行過程中發送什麼內容，訂戶才不會產生不滿情緒。要知道用戶對垃圾郵件的心理定義其實一直在變化中。垃圾郵件最先出現時，大家還覺得挺有意思，幾乎所有人都沒太覺得反感。隨著垃圾郵件增多，漸漸變成凡是收信人沒主動要求的、賣產品的郵件，就是垃圾郵件。這已經成爲用戶和網路服務提供商，甚至政府都公認的標準。

現在又有一種傾向，很多用戶覺得，就算我註冊了，是我要求的，但內容不符合我的預期，這也是垃圾郵件。在這方面，用戶行爲完全不受行銷人員的控制，輕者退訂，重者報告爲垃圾郵件，會給伺服器、域名帶來不必要的麻煩。

3.不要過度銷售

行銷郵件也要注意千萬不可過度銷售。除非郵件列表本身就是專門提供促銷信息的，訂戶有心理預期，不至於太反感。

絕大部份電子雜誌訂閱者看重的是對自己有幫助的行業新聞、評論、技巧、竅門等實在內容，行銷人員就應該以這些內容爲主。行銷目的當然還是要產生銷售，但在行銷郵件中不可以高調宣揚，只是簡潔地在郵件正文結尾處加一句類似這樣的話就可以了：

要想瞭解更多竅門，請點擊這裏參觀我們的網站。

或者：

××××一書中有更多照顧嬰兒的技巧，您可以點擊這裏參考。

也就是說，在郵件中不要硬銷售，而是提供對用戶有幫助的信息，然後以擴展閱讀的方式，推薦讀者點擊鏈結回到網站，在網站上完成銷售。

4.行銷郵件的常用內容格式

郵件正文可以分爲幾部份。

郵件抬頭通常應該首先清楚表明：

這不是垃圾郵件。您訂立了某某某電子雜誌，這是某某某電子雜誌 2008 年 6 月號。如果您不想再繼續收到我們的郵件，請點擊這裏退訂。

這段內容必須要放在郵件最上面，讓訂閱者第一眼就看到，知道收到的是自己訂閱過的電子雜誌，確保訂閱者不會把郵件當做垃圾郵件報告。如果想退訂也很簡單。

接下來是簡單的郵件內容目錄。如果郵件包含 2～3 篇文章的話，可以在這裏列出文章名稱及一到兩句話的簡要說明，讓訂閱者可以一目了然地瞭解郵件內容，再決定要不要繼續閱讀。當然如果每封郵件只有一篇文章，這部份可以忽略。

接下來就是郵件正文，通常應該是 2～3 篇文章，在文章結尾處可以適度地以擴展閱讀的方式推銷一下網站上的產品。另外如果郵件中有賣給第三方廣告商的廣告位，可以穿插在文章中間，但應該以清楚的文字標明中間是廣告內容。

　　主要文章內容結束後，應該有一小段下期內容預告，列出下一期文章內容標題及簡介，吸引訂閱者期待下一期郵件，儘量減少退訂率。

　　最後是頁腳。這一部份必須包含用戶註冊信息，比如這樣的格式：

　　您收到這封郵件是因為您在某月某日，從 IP 地址×××月刊。

　　然後是隱私權及退訂選擇：

　　我們尊重所有用戶和訂閱者的隱私權。如果您不希望再收到×××月刊，請點擊這裏退訂。

　　「隱私權」和「點擊這裏退訂」兩處文字鏈結到相應的隱私權政策頁面和退訂程序鏈結。

　　另外一個可以放在這裏但有一些爭議的內容是，可描述一下怎樣訂閱本電子雜誌，比如：

　　如果您是從朋友那裏收到轉發的這封郵件，並且喜歡看到的內容，您可以點擊這裏，在我們的網站上訂閱某某某週刊，以後您也可以收到我們的週刊。

　　目的是當訂閱者把這封郵件轉發給他的朋友時，收到轉發郵件的人也可以清楚地知道自己怎樣訂閱。

　　在頁腳也可以鼓勵訂閱者把收到的郵件轉發給他的朋友，但是應該強調，只能轉發給訂閱者認識的朋友，不要發給不認識的人而變成垃圾郵件。

5.使郵件個性化

　　整個郵件都要強調個性化，也就是說，在標題中巧妙插入

訂閱者的名字，吸引讀者打開郵件。在郵件內容中也要在適當的地方插入訂閱者名字。比較兩個郵件的開頭文字：

親愛的讀者：

歡迎您打開某某某週刊第 28 期。在這一期我們為您準備了……

加入個性化的正文：

親愛的 Zac：

感謝您對我們的支持。在某某某週刊第 28 期，我們為您準備了……

這兩個開頭那個顯得更貼心，更能吸引讀者繼續閱讀，顯而易見。

訂閱者名字的動態插入在設計電子郵件行銷系統時就要考慮進去。對一個程序員來說難度並不高，但行銷人員必須記得提醒程序員要包含這個功能。

6. HTML 郵件設計

現在的郵件通常都是 HTML 格式。從原理上來說，整個 HTML 郵件可以設計得和網頁一樣，但在實際中卻不是如此。

首先，郵件內容寬度應該限制在 400～500 圖元，而不像普通網頁的設計至少以 800 圖元寬的顯示器為基礎。用戶無論是使用用戶端軟體，還是使用免費郵件的 Webmail 形式，真正顯示內容的區域只是顯示器的一部份。很可能左側顯示文件夾，右側還有廣告，只留下中間 400～500 圖元的寬度。如果郵件設計者還是按普通網頁尺寸設計，展現在讀者眼前的很可能是變形錯位的排版，具體效果完全無法預測。

在郵件設計上應該儘量簡單。HTML 郵件允許使用圖片，也應該使用，但最好不要超過 2～3 張圖片。實際上只要在郵件頭顯示網站或電子雜誌 Logo，在郵件尾插入 1×1 圖元的跟蹤隱藏圖片就足夠了。其他的都靠顏色、字體和排版來展現風格。

排版時應該儘量使用在網頁設計中已經顯得過時的表格 (Table)，而不要使用樣式表。表格也要儘量簡單，避免使用多次嵌套。原因是用戶可能使用的作業系統、用戶端軟體、流覽器版本、免費郵件 Webmail 的渲染處理方式千差萬別，固定寬度的表格最容易控制排版效果。有些 Webmail 甚至會直接刪除 HTML 郵件中的樣式表，因為怕和郵件主頁面中的樣式表起衝突。

太複雜的嵌套表格最後展現出來的排版形式也可能和設計者自己看到的不一樣。為避免不可預期的排版錯誤，HTML 郵件的排版設計越簡單越好。

心得欄 _____

_____

_____

_____

_____

_____

23

搜索引擎和 SEO

一、搜索引擎的排名原理

搜索引擎優化，英文 Search Engine Optimization，簡稱 SEO，指的是在符合用戶友好性及搜索引擎演算法的基礎上，使用網站內及網站外的優化手段，使網站在搜索引擎的關鍵詞排名提高，從而獲得目標搜索流量，進而產生直接銷售或建立網路品牌。

要瞭解搜索引擎優化，首先瞭解搜索引擎的基本工作原理。搜索引擎排名大致上可以分為四個步驟。

1.爬行和抓取

搜索引擎派出一個能夠在網上發現新網頁並抓取文件的程序，這個程序通常被稱為蜘蛛(spider)或機器人(robot)。搜索引擎蜘蛛從數據庫中已知的網頁開始出發，就像正常用戶的流覽器一樣訪問這些網頁並抓取文件。

並且搜索引擎蜘蛛會跟蹤網頁上的鏈結，訪問更多網頁，這個過程就叫爬行(crawl)。當通過鏈結發現有新的網址時，蜘

蛛將把新網址記錄入數據庫等待抓取。跟蹤網頁鏈結是搜索引擎蜘蛛發現新網址的最基本方法，所以反向鏈結成爲搜索引擎優化的最基本因素之一。沒有反向鏈結，搜索引擎連頁面都發現不了，就更談不上排名了。

搜索引擎蜘蛛抓取的頁面文件與用戶流覽器得到的完全一樣，抓取的文件存入數據庫。

2.索引

搜索引擎索引程序把蜘蛛抓取的網頁文件分解、分析，並以巨大表格的形式存入數據庫，這個過程就是索引(index)。在索引數據庫中，網頁文字內容，關鍵詞出現的位置、字體、顏色、加粗、斜體等相關信息都有相應記錄。

搜索引擎索引數據庫存儲巨量數據，主流搜索引擎通常都存有幾十億級別的網頁。

3.搜索詞處理

用戶在搜索引擎界面輸入關鍵詞，單擊「搜索」按鈕後，搜索引擎程序即對輸入的搜索詞進行處理，如中文特有的分詞處理，對關鍵詞詞序的分別，去除停止詞，判斷是否需要啓動整合搜索，判斷是否有拼寫錯誤或錯別字等情況。搜索詞的處理必須十分快速。

4.排序

對搜索詞進行處理後，搜索引擎排序程序開始工作，從索引數據庫中找出所有包含搜索詞的網頁，並且根據排名演算法計算出那些網頁應該排在前面，然後按一定格式返回「搜索」頁面。

排序過程雖然在一兩秒鐘之內就完成並返回用戶所要的搜索結果，實際上這是一個非常複雜的過程。排名演算法需要即時從索引數據庫中找出所有相關頁面，即時計算相關性，加入過濾演算法，其複雜程度是外人無法想像的。搜索引擎是當今規模最大、最複雜的計算系統之一。

但是即使最好的搜索引擎在鑑別網頁上也還無法與人相比，這就是為什麼網站需要搜索引擎優化。沒有 SEO 的幫助，搜索引擎常常並不能正確返回最相關、最權威、最有用的信息。

二、搜索引擎友好的網站設計

假設我們從搜索引擎蜘蛛的角度去看待一個網頁，在抓取、索引和排名的時候會遇到那些問題呢？解決了這些問題的網站設計就是搜索引擎友好的。

1.搜索引擎蜘蛛能不能找到你的網頁

要讓搜索引擎找到你的主頁，就必須要有外部鏈結，在找到你的主頁之後，還必須能找到你的更深的內容頁。即要求有良好的網站結構，是符合邏輯的，扁平的，或是樹狀的。

這些網頁之間要有良好的鏈結結構，這些鏈結以文字鏈結最好，圖像鏈結也可以，但是 JavaScript 鏈結、JavaScript 下拉菜單或導航、Flash 鏈結等則不妥，因為搜索引擎無法沿著鏈結找到更多網頁。

一般推薦網站需要有一個網站地圖，把所有重要的部份和網頁以文字鏈結列進去。如果網站比較大，網站地圖還可以分

成幾個。

　　網站的所有頁面都要能從主頁開始順著鏈結找到，最好在三四次點擊之內。

2.搜索引擎蜘蛛找到網頁後能不能抓取網頁

　　網頁的 URL 必須是可以被抓取的。如果網頁是由數據庫動態生成的，那麼 URL 一般要改寫成靜態的，也就是去掉那些 URL 中問號參數之類的東西，也要去掉 Session ID。技術上倒不是搜索引擎不能讀取這種 URL，但是爲了避免陷入無限循環，搜索引擎蜘蛛通常要遠離這類 URL。

　　還有如果你的網站整個是 Flash 文件，在讀取內容上也有困難。雖然搜索引擎一直在努力解決讀取 Flash 信息的問題，但目前爲止還無法與文字網頁相提並論。

　　還要避免框架結構(flame)。網站剛出現的時候，框架結構風行一時，現在還有一些網站在用，這是搜索引擎蜘蛛的大敵。

　　還有儘量去除不必要的搜索引擎不能讀的東西，像音頻文件、圖片、彈出視窗等。

3.搜索引擎蜘蛛抓取網頁之後，怎樣提煉有用信息

- 網頁的 HTML 碼必須優化，也就是格式標籤佔的比例越低越好，真正內容佔的越多越好，整個文件越小越好。
- 把 CSS、JavaScript 等放在外部文件。
- 把關鍵詞放在應該出現的地方。
- 檢查網頁對不同作業系統，不同流覽器的相容性。
- 檢查是否符合 W3C 標準。
- 只有搜索引擎能順利找到你的所有網頁，抓取這些網頁

並取出其中真正的有相關性的內容，這個網站才可以被視為是搜索引擎友好的。

三、搜索引擎優化要素

在關鍵詞確定後，SEO 工作可以分成四個方面。

1.網站內優化

網站內優化的工作包括所有在網站上可以控制的因素，比如網站大小、網站結構、內部導航、標題標籤、關鍵詞標籤、文件大小、URL 靜態化、目錄和文件的命名、關鍵詞在網頁出現的位置、關鍵詞是否出現在 H1 或 H2、是否有黑體斜體、文案寫作、詞幹技術、內部鏈結及鏈結文字、圖片 ALT 屬性、導出鏈結、代碼精簡等。

2.網站外優化

網站外優化主要指外部鏈結的情況。比如外部鏈結數目和品質，來自那種域名，鏈結頁和網站的內容相關性，鏈結文字是否有關鍵詞，鏈結文字的多樣性，鏈結存在的時間長短，鏈結本身及鏈結文字隨時間的變化，交叉鏈結和交換鏈結的比例等。

3.域名及信任度

與域名和整個網站的信任度有關的因素，比如：

· 域名年齡、域名註冊時間。

· 域名所有人和歷史記錄的變化。

· 域名和網站與那些其他網站的關聯性。

‧由很多未知因素所組成的域名信任度。

4.用戶行為模式

衡量用戶是否喜歡你的網站，主要因素如下：

‧網頁在搜索結果中的點擊率。

‧用戶流覽網站的頁數、時間。

‧是否加入書籤。

‧是否有其他社會性搜索的標籤、網摘、書籤。

‧用戶是否多次返回網站。

‧搜索引擎編輯人工調整等。

四、網站設計與 SEO

絕大部份 SEO 客戶都會說，我的域名是什麼什麼，可不可以幫我們看一下為什麼在搜索引擎裏都找不到我們的網站？如果你幫我們優化需要多長時間？費用大概是多少？

非常遺憾的是，對這些客戶，不用看你的網站，你已經犯了一個很大的錯誤，那就是你們怎麼這個時候才來優化網站呢？你們應該在還沒有設計網站之前就找 SEO 人員呀！

這是一件沒辦法的事，99%的人都在網站運行一段時間後，流量卻沒什麼大的進步時，才想起是不是需要推廣，才考慮 SEO 或其他網站推廣手段。很少有人在設計網站之前就把搜索引擎優化及網路行銷作為整個網站規劃的有機組成部份。

如果能在網站還沒設計，內容還沒開始寫作的時候就找 SEO 專業人員參與，那麼整個 SEO 所要花的時間、精力、金錢

都能節省很多，效率也更高。

大家經常看到電子商務網站是用很流行的購物車系統建成的，可惜大部份現成的購物車系統都不太考慮搜索引擎友好問題，網址裏面會夾雜著大量的問號、參數、Session ID 等。雖然搜索引擎抓取能力在不斷提高中，對這類 URL 也可以抓取不少，但畢竟效果不如靜態 URL 好。如果網站權重低的話，很可能這些產品網頁都不能被收錄。

如果在網站籌劃階段就有 SEO 專業人員參與的話，這個問題並不難解決，每個 SEO 人員都肯定會提醒設計和編程人員注意這一點的。如果網站已經建好再來優化，可能要重寫或修改程序，而且可能會造成複製網頁。

如果你的網站已經建好，因爲 SEO 或其他原因想重新設計，從 SEO 角度要注意幾個地方。

1.不到不得已，就不要重新設計

英文有一句諺語：If it's not broken，don't fix it（東西沒壞，就別去修它）。

網站重新設計尤其如此。如果你的網站沒有嚴重錯誤，在搜索引擎排名表現也尙可的話，不要輕易對網站進行大面積改動，可以慢慢進行局部的優化。

在網站排名結果不算太差的情況下進行重新設計，常常不能達到想要的效果。

2.網站 URL 千萬不要改動

這是網站重新設計中最重要的問題。千萬不要改動網站原有的 URL，也就是不要動目錄名、文件名。

增加新的欄目和內容可以，對老的欄目、網頁內容進行修改時不要動 URL，否則新的 URL 會被當做新的網頁，整個網站的收錄網頁數可能會下降很多，新的網頁又要經過一段時間才能被重新收錄。外部鏈結也失去原有的作用。

3. 增加新網頁速度不要太快

增加高品質的，對用戶有用的內容是關鍵，但也要注意增加欄目和網頁的速度，要進行適當控制。

關鍵是新網頁數與整個網站的比例。如果你的網站目前是 1000 頁，那麼在幾天內增加 50 頁，可能不是問題。但如果突然又增加 1000 頁，就可能被懷疑是垃圾。連微軟網站突然改變博客 URL 也被認為是新增加大量網頁，也出現了很多問題。小網站就更可能產生負面影響。

4. 網頁的優化速度也要控制

最好不要突然之間把每個網頁都進行 SEO。比如突然之間網頁標題、鏈結文字，使得關鍵詞足夠優化。這種大幅改動，尤其是朝向優化的改動，往往效果適得其反。建議把需要優化的地方慢慢加進去。

5. 301 轉向

如果必須做 URL 變動，應該把舊的 URL 做 301 轉向到新的 URL。這些舊的 URL 還會在搜索引擎的數據庫中維持很長一段時間，在搜索結果中也還會出現舊的 URL。無論對搜索引擎還是對用戶來說，做 301 轉向到新的位址，都是必要的。301 轉向對已有的鏈結傳遞 PR 也有好處。

五、SEO 步驟

SEO 過程中的內容，先做一個概括描述，便於讀者整體理解。

· 首先要進行關鍵詞研究，找到那些搜索量大、競爭小的關鍵詞，做好主要關鍵詞和長尾關鍵詞的分配。

· 在動手設計網站之前，要先想好網站應該有那些內容，具體欄目事先要規劃好，對網頁內容也應該事先有所規劃。

· 在設計網站的時候，要確保網站的結構合理。URL 靜態化，二級域名及目錄要事先想好。

· 網站設計上也應該有一定的可擴充性。

· 在每一個具體網頁設計的時候，要注意把關鍵詞自然地放在應該放的地方。

· 網站內容的寫作也要考慮詞幹技術和語義分析。

· 尋找一個穩定的主機服務商，開通網站。最好在一開通的時候網站就已經有一定的規模。

· 網站開通後，要開始進行外部鏈結的建立。鏈結不僅需要量，更需要質。鏈結文字也要有所變化。鏈結增加速度要進行控制。

· 別作弊。

SEO 的總原則是自然和平衡。

一般來說，新域名會在 Google 沙盒裏面待上幾個月，甚至

長達一年。這段時間要仔細觀察網站流量統計，一方面看在百度雅虎的收錄情況及排名，一方面從流量統計中發現更多的關鍵詞擴充內容。

　　網站在沙盒的這段時間，可以持續地增加網站的內容，網站擴充不要太快。

　　網站在各個搜索引擎都有一定的排名後，需要再觀察與排在最前面的網站之間有什麼差別。

　　搜索引擎排名演算法都不停地變動，需要留意並及時對SEO策略進行調整。

心得欄 -

- -

- -

- -

- -

- -

24

搜索引擎喜歡什麼樣的網站

要把網站搜索排名提高，就得研究搜索引擎喜歡什麼樣的網站。其實，搜索引擎喜歡的網站也就是用戶喜歡的網站。

一、網站的相關性、權威性、實用性

一個網站要想被搜索引擎喜歡並出現在排名的前列，必須要有相關性、權威性、實用性。

1.網站內容的相關性

也就是用戶搜索的關鍵詞與網頁內容是否匹配，是否有相關性。

相關性的加強可以通過頁面內優化和一小部份鏈結優化來達到的，包括頁面內的關鍵詞位置佈局、關鍵詞的強調、通過語義分析得到的相關性、內部鏈結的安排、網頁標題等。外部鏈結錨文字，以及鏈結頁的內容，也會對目標網頁的相關性產生影響。內容相關性是做網站的人最容易控制的，也是最容易被作弊的。第一代的搜索引擎就主要以相關性做判斷，但在被鑽空子鑽得一塌糊塗後，不得不引入權威性的衡量。

2.網站及網頁的權威性

網站或網頁的權威性，大部份是由外部鏈結所決定的。高品質的外部鏈結越多，網站或網頁本身的權威性就越高。另外，域名註冊歷史，網站的穩定性，隱私權政策等一些細節，也會影響網站的權威性。

另外要注意的是，外部鏈結對網站權威性的影響是有選擇性的，也就是說，來自相關內容網站的鏈結對提高權威性幫助最大，不相關內容的鏈結幫助很小。比如，在 SEO 博客首頁上加一個鏈結到某個美食網站，對對方的權威性幾乎沒什麼幫助。因為很明顯，在 SEO 行業再權威的 SEO 博客在美食方面也沒有什麼權威性。

網站的權威性不能被做網站的人完全控制，要想作弊，比較費時費力，群發鏈結現在也越來越容易被檢測出來。在某種程度上，權威性還是可以被操作，無論是花錢還是花時間，都可以得到更多的人為鏈結，所以現在搜索引擎開始考慮網站的實用性。

3.網站的實用性

即對用戶來說，你的網站到底有多大用處？用戶是不是喜歡你的網站？

如果用戶在你的網站花的時間多，流覽頁數多，在不同的時間經常來看你的網站，加入了流覽器書簽，並且在不同的網上書簽站加了評論，這些都可以幫助搜索引擎理解你的網站對用戶的實用性。

搜索引擎的工具條可以幫助收集這類信息，也可以利用越

來越多的社會網路網站收集信息。

　　網站的實用性想作弊就更難，因爲你沒辦法控制用戶的電腦和用戶的行爲方式。雖然並不是完全沒有可能控制大量用戶，不過如果你的網站在相關性、權威性、實用性上都很出色，還都是作弊得來的，這可能性就很低了。

二、內容是 SEO(搜索引擎優化)的第一要素

　　很多人在談到 SEO 的時候，通常會關注於具體技巧，卻忽略 SEO 最重要的因素，那就是內容、內容、內容。

　　不是抄襲來的內容，不是轉載的內容，也不是垃圾內容，而是大量的、高品質的、原創的、相關的內容。可以這麼說，沒有內容就沒有排名。

　　爲什麼這麼說呢？

　　第一，所有的網站運營者、設計師和網路行銷人員，都應該首先理解一個事實，那就是你不是搜索引擎的客戶，搜索引擎不會義務給你帶來流量。到搜索引擎上去搜索信息的那些用戶才是搜索引擎的客戶，搜索引擎的宗旨是服務他們，讓他們滿意。這些用戶一般並不是在找產品和服務，更沒有在找你的公司。他們找的是能解決他們自身問題的信息。

　　比如說，你要去網上找回鍋肉怎麼做，到搜索引擎上搜「回鍋肉」，如果某個網站介紹了回鍋肉的做法，你就會去看，然後還可能看看這個網站上其他菜的做法。如果這個網站剛巧還在賣菜譜，其中有些菜是在其他網站沒介紹的，看起來又特誘人，

你就有可能買這本菜譜。

　　這才是一個網站向客戶銷售產品和服務的最好過程，也就是給訪客提供解決其問題的有用的信息。在訪客流覽你的網站過程中，建立信譽，順便讓他發現你的產品。當訪客需要的時候，他就有可能買你的產品或服務。

　　站在搜索引擎的立場上，你公司的產品或服務多好多偉大，一點兒意義都沒有。搜索引擎要的是好的高品質的內容來解決搜索引擎客戶的問題。按照這個邏輯，你就需要建立大量的、有用的而又圍繞著你的產品和服務的內容。

　　一些 SEO 客戶沒辦法理解這一點。有的客戶會要求排名服務，可是堅持他的網站只維持五頁：主頁、聯繫我們、關於我們、董事長的話、我們的宗旨。可能這五頁內容對你很重要，對搜索引擎和用戶來說，毫無用處。這種對搜索引擎用戶毫無意義的網頁憑什麼會被排名到前面呢？

　　第二，有了大量的內容，你才能夠在客戶的心裏建立良好的信譽和權威的地位。還用上面的例子，如果按照網站介紹的方法做出了好吃的回鍋肉，又做出了好吃的牛肉乾，很自然地，這個網站所銷售的菜譜也會有吸引力，因為你已經證明了你的信息和產品是有用的。沒有大量內容做鋪墊，你就沒有機會向客戶證明這一點。

　　電子商務和真實世界的商務的重大區別之一是：網站是冷冰冰的，看不見、摸不到。你沒辦法通過商店的規模、裝潢、銷售人員的笑臉等來建立信任，你就必須通過其他方式消除信任障礙。

第三，有了大量的內容，其他站長才會自動地鏈結到你的網站。很難想像一個站長會連到一個賣菜譜的網上書店卻毫無所求。他鏈結你，要麼爲了賺取回扣，要麼爲了給他自己的網站用戶提供做菜的方法。你的網站沒有大量的內容，其他人幹嘛要鏈結向你呢？

所以在優化網站的時候，最重要的不是關鍵詞密度，不是網頁標題、標籤，更不是你的網站好看不好看。最重要的是大量原創有價值的內容。只有在這個基礎上，才能談到其他具體的排名技巧。如果有好內容就行，那和沒有 SEO 有什麼區別？

網站內容和技術性優化是並行的，都是必要的。

光有網站內容而沒有技術性優化，比如說網頁不搜索引擎友好，那麼可能這些內容壓根就不能被收錄，也就很難排名了。光有技術性的優化，沒有內容也難達到好的排名。所以內容、網頁優化、鏈結都是 SEO 的必要條件，但都不是充分條件。

在實際網站設計和優化過程中，技術性優化應該成爲本能。在寫網頁標題、網頁內容、標籤、安排網站結構時，有經驗的 SEO 人員並不會想很多優化的細節，因爲該怎麼做都已經變成了本能，對任何單一的元素都不會很執著。

發展網站內容才是一個更費時、更費力的工作。

從比例上來說，在兩三年前，內容佔 SEO 的 20%，頁面優化佔 30%，鏈結工作佔 50%。但現在這個比例已經有了很大的變化，內容至少要佔到 40%～50%，頁面優化所佔的比例有了很大的下降。

25

關鍵詞研究分析

關鍵詞的選擇應該在網站設計開始之前就著手。關鍵詞選擇不當，後果是災難性的。可能你選擇的關鍵詞很少有人搜索，那麼你的網站排名再高，流量也不會大。關鍵詞選錯可能會影響你整個網站的寫作內容，要想更正不是一件輕巧的事情。

一、關鍵詞選擇主要原則

1.關鍵詞不要太寬泛

遇到過太多的客戶想要瞄準排名的關鍵詞過於寬泛，比如做房地產的公司，他就想針對「房地產」這個詞優化，做廣告的公司就想針對「廣告」這個詞來優化。可以肯定地說，你應該忘掉這種關鍵詞。

寬泛的關鍵詞競爭太巨大，要想在「房地產」、「廣告」、「旅遊」等關鍵詞排到前十名或前二十名，所要花費的恐怕不是幾萬或者幾十萬，而是上百萬。

更不划算的是，就算你的網站在這類關鍵詞排到前面，搜索這類詞的用戶的目的很不明確，轉化率不會高。搜索「房地

產」的，他的目的是想買房子嗎？那可很難講。這種詞帶來的流量目標性是很差的，轉化爲訂單的可能性也很低，所以這類寬泛的關鍵詞效率是比較低的。

選擇的關鍵詞應該比較具體，且有針對性。

2.主打關鍵詞也不適於太長、太特殊

你的主頁當然應該瞄準行業中比較熱門的關鍵詞（注意：也不宜太寬泛）。爲了最大可能地吸引最多的潛在用戶，你的網站瞄準的最主要關鍵詞涵蓋度也不宜過小。比如說我們的英文網站主要的關鍵詞是 Singapore web hosting，我們既沒有去瞄準 Web hosting，但是也不會去瞄準 Singapore cheap web hosting。

不少做 SEO 的公司玩的一個花樣就在於這一點，他們保證排名，但保證的卻是一個巨長的詞。

不要以你公司名做主要關鍵詞，沒人會搜索你公司名。

3.站在用戶角度思考

網站經營者、設計者由於過於熟悉自己的行業和自己的產品，在選擇關鍵詞的時候容易想當然地覺得某些關鍵詞是用戶會搜索的，但真實用戶的思考方式和商家不一定一樣。

比如說一些專用辭彙、行業用語，普通用戶可能很不熟悉，也不會用它去搜索，但賣產品的人因爲每天接觸，卻覺得這些詞很重要。

選擇關鍵詞時應該做一下調查，問問公司之外的親戚朋友，如果要搜索這類產品他們會用什麼詞來搜索。

4.選擇被搜索次數最多，競爭最小的關鍵詞

最有效率的關鍵詞就是那些競爭網頁最少，同時被用戶搜索次數最多的詞。有的關鍵詞很可能競爭的網頁非常多，使得成本效益很低，要花很多錢、很多精力才能排到前面，但實際在搜索這個詞的人並不是很多。

應該做詳細的調查，列出綜合這兩者之後效能最好的關鍵詞。

5.和網站要相關

前幾年很流行的做法是瞄準一些熱門但和網站賣的東西不太相關的詞，比如 sex 等，希望招來最多的用戶。現在也有不少人在這麼做。

這是很過時的手法。目標定在這些詞上，基本上只能用作弊手法，那麼你的網站可能隨時被懲罰、被封掉。從這種詞搜索來的用戶對你的產品也不感興趣，看一眼網站就離開了，有流量卻沒有銷售又有什麼用呢？

二、關鍵詞選擇步驟

讀者完全可以根據自己的習慣和偏好發展出自己的有效的關鍵詞研究方法。

1.列出大量相關關鍵詞

要找出合適的關鍵詞，首先就要列出儘量多的相關關鍵詞，可以從幾方面得到：

·瞭解所要優化的網站所在的行業，運用你的常識，問問

自己，如果你自己是用戶，會用什麼詞搜索。

· 問週圍的親戚、朋友、同學等，他們會用什麼關鍵詞來
搜索。

· 去看看同行業競爭者的網站，去搜索引擎看一下前二十
名的網站，他們都在標題標籤裏放了那些關鍵詞。

· 搜索引擎本身也會提供相關信息。搜索一個關鍵詞的時
候，很多搜索引擎會在底部列出」相關搜索」或寫著「搜
索了 ABC 這個詞的人，也搜索了 DEF」等，這些都是可
以擴展關鍵詞的地方。

· 關鍵詞研究工具也會列出擴展關鍵詞，比如 Google 關鍵
詞工具：https：//adwords.google.cn/select/KeywordTool
External。

· 有一些線上工具會提供近義詞、錯拼詞等。可惜這種工
具一般都是英文。

2.關鍵詞競爭程度

經過第一步以後，你應該已經有了一大串備選關鍵詞，通
常應該至少有幾十個，大項目也可能備選關鍵詞成百上千。

然後就要研究這些關鍵詞的競爭程度如何，希望找到競爭
比較小，同時搜索次數比較多的關鍵詞。

主要有兩個指標可以看關鍵詞的競爭程度。

一是各個搜索引擎在搜索結果右上角列出的某個關鍵詞返
回的網頁數。這個數字大致反映了與這個關鍵詞相關的網頁
數，而這些網頁都是你的競爭對手。

另外一個判斷關鍵詞競爭程度的是在競價排名廣告中需要

付的價錢。可以開一個 Google Adwords 或百度競價賬號,當你選擇某個關鍵詞時,Google 和百度會提示你所需要付的價錢。或者用 Google 關鍵詞工具:https://adwords.google.cn/select/TrafficEstimatorSandbox,也列出了廣告商需要付的競價價格。

這些關鍵詞的競價排名價格比競爭網頁數更能說明競爭程度,因為這每一個價錢的背後,都有一個競爭對手做過市場調查,並且願意出實實在在的錢來和你競爭。

3.關鍵詞被搜索次數

關鍵詞的競爭程度是一方面,另外一個很重要的方面是這些關鍵詞是否真的被用戶搜索?搜索的次數是多少?當然被搜索的次數越多越好。

Google 關鍵詞工具:https://adwords.google.cn/select/KeywordToolExtemal 列出了相關關鍵詞被搜索的具體次數。

百度指數,Google 趨勢也都顯示關鍵詞被「關注」的程度。所謂「關注」,我們不必關心具體數字指的是什麼,只要把它當做被搜索次數的一種度量。

4.計算關鍵詞效能

有了關鍵詞的競爭程度和被搜索次數,就可以計算出那些關鍵詞效能最高。當然最簡單的計算方法就是:

$$搜索次數 \div 競爭程度$$

在這個公式裏面還可以做適當的變化。比如在競爭程度中,PPC 價格重要性更高一點,所以可以把被除數改為:

$$0.4×總網頁數＋0.6×PPC 價格$$

也就是給總相關網頁數和 PPC 價格不同的權重，這裏的權重各佔多少就是你的主觀判斷和偏好了。

例如這組關鍵詞的效能數據：

關鍵詞	搜索結果數	規格化搜索結果數	Adwords 價格	搜索次數	關鍵詞效能
減肥有效	9420000	0.4958	0.95	40500	52712
針灸減肥	1410000	0.0742	1.58	27100	27718
減肥方法	3880000	0.2042	1.67	201000	185479
減肥健康	19000000	1	2.08	49500	30036
苦瓜減肥	387000	0.0204	0.76	14800	31891

說明：①關鍵詞效能＝搜索次數/（規格化搜索結果數×0.4＋Adwords 價格×0.6）

②表中數據僅爲示意。

這裏要注意的是，無論是那個關鍵詞工具，顯示數據的絕對誤差是相當大的，數據的準確性也有很多人懷疑。但在關鍵詞研究時，重要的是列出的這些關鍵詞之間的相對值。

通過這些查詢和計算，你可以看出所列出的這一大堆關鍵詞那些具有相對高的效能。

5.選擇關鍵詞

答案很明顯，就是選擇效能最高的 2～3 個關鍵詞作爲你主頁的目標關鍵詞。剩下其他的相關關鍵詞別扔掉，可以作爲輔助關鍵詞優化欄目頁和內容頁面。

三、其他關鍵詞考慮

1.關鍵詞長尾

在關鍵詞搜索中長尾效應是十分明顯的，有差不多 20%～25%的關鍵詞都是以前從沒有被搜索過的。用戶會搜索各種各樣稀奇古怪的關鍵詞，這些詞總和搜索數量巨大。所以在優化網站關鍵詞的時候，主要的目標關鍵詞是一方面，這些長尾關鍵詞也是非常重要的一方面。

做關鍵詞研究的時候應該列出幾十甚至上百個相關關鍵片語合，但主頁只適於 2～3 個關鍵詞優化，剩下的相關關鍵詞可以融入到其他網頁中，比如針對每一個關鍵詞專門寫一篇文章。

2.挖掘日誌文件

網站有了一定的流量後，觀察研究網站日誌文件是所有搜索引擎優化人員必做的功課，其中一個原因就是看用戶都是通過搜索那些關鍵詞來到你的網站的。有時候會看到讓你很驚奇的關鍵詞。

通過研究這些已經來到你網站的搜索，你可以知道用戶對什麼感興趣？你的那類文章需要加強？那些關鍵詞有更高的潛力？找到這些有潛力的關鍵詞後，可以進行擴展，針對這類關鍵詞增加網頁內容。

3.詞幹技術

這只適於英文網站。也就是說，從同一個詞幹所衍生的不同的詞，搜索引擎都會認為是同一個意思。

比如說 work 這個詞，我們假設它是你的關鍵詞的話，那麼在你的網頁文章中應該交替出現 work 的不同形式，比如 working、worker、worked 等。名詞還包括單複數的變化等。網頁中應該自然融入這些不同的源於相同詞幹的詞。

心得欄 ------------------------------

26

網路免費浪潮

1.免費策略源於吉列刀片

免費策略行銷在生活中已經應用得很廣泛了。把某樣東西免費贈送，再想辦法通過其他手段贏利，是抓住用戶最有效的手段之一。

這個免費策略最早是由吉列刀片開創的。以前的刮鬍刀架和刀片是一體的。1895 年，吉列先生某一天早上刮鬍子時發現刀片已經太鈍了，但刀架還好好的。吉列產生了將刀架與刀片分開的想法，並且付諸實施，經過幾年的實驗後，推出刀架與刀片分開的刮鬍刀。

最初吉列刮鬍刀銷售的也並不怎麼樣，第一年只賣出了 51 個刀架，168 個刀片。在接下來的數年中，吉列嘗試各種行銷手法推廣他的刮鬍刀。最終使吉列刮鬍刀大行其道的方法是把刀架免費贈送，與茶葉、調料、咖啡等其他產品捆綁在一起，作為免費禮物贈送給顧客。刀架作為免費禮物既促進了其他產品的銷售，也給吉列刀片帶來了急劇增長的銷售。

從吉列刮鬍刀贈送刀架，靠賣刀片賺錢開始，免費行銷策略大行其道，在很多行業廣泛應用。相信大家都很熟悉超市裏

生產商設立的讓用戶免費試吃試用的櫃檯，還有行銷人員送上門的免費洗衣粉、報紙上的免費購物券等。

2. Internet 是免費天堂

免費策略在網上更是如魚得水，可以說，網路是真正的免費世界。

Internet 最初就是完全免費的，沒有商業性，利用Internet 進行電子商務是後來的事。Internet 的這種免費出身鑄成了網上用戶根深蒂固的觀念，那就是網站基本上都應該是免費的。用戶花錢買書、買雜誌、買電影票天經地義，但是讓用戶花錢上網看新聞就顯得那麼匪夷所思。Internet 用戶已經被塑造成徹底的免費用戶。

網上的很多產品和服務也確實可以免費得到。最經典，最膾炙人口的免費策略推廣案例就是 Hotmail。當初 Hotmail 推出時所使用的推廣方法就是，在所有發出的郵件尾部加上一句Hotmail 的廣告，吸引收到郵件的人註冊使用，郵件賬戶完全免費。Hotmail 依靠免費及用戶的病毒式行銷，迅速佔領了電子郵件市場，並且為所有電子郵件服務奠定了基本框架，使付費郵件很難成為贏利模式。

在線下使用免費策略，畢竟還受到一些成本限制。在網上由於運行網站的硬體成本急劇降低，使得免費策略越來越能被承受。根據著名的摩爾定律，電腦晶片的性能每 18 個月提高一倍，而價格則下降為一半，這就最終使得網站運營成本不斷下降。

當然運行網站的伺服器本身在可以預見的未來還不可能是

免費的，運行一架伺服器的成本其實挺高。但是網站服務的一個特徵就是可擴展性，一架伺服器可以爲成千上萬的用戶服務。運行諸如 Hotmail 等服務所需要的硬體、帶寬成本絕對值也相當巨大，不過如果考慮到使用服務的用戶數以億計，分攤到每個用戶身上的成本就可以忽略不計了。

所以對很多提供免費網路服務的公司來說，並不是硬體成本真的爲零，而是分攤到每個用戶身上的成本不值得計算和收費。與其向每個用戶收一年幾塊錢服務費，還不如乾脆免費，通過其他方式賺錢。

與線下免費策略相比，線上免費策略其實已經有了實質性的變化。在線下，用戶免費獲得產品或服務，通常是因爲商家提供試用、試吃樣品，用戶要繼續使用產品，還是得花錢買。或者像吉列刮鬍刀那樣，免費得到刀架，刀片還是得自己花錢買。或者說，傳統線下免費策略是把付費從一個產品轉移到另一個產品去了。

網上的免費策略則不同，用戶很可能從頭到尾一分錢都不用付，終身免費使用，也不用購買任何配套的產品。免費提供的產品、服務其實是由其他人付費，並不是由用戶付費。像 Hotmail，付費的是廣告商，用戶只要願意繼續使用，可以永遠不用付費。還有的服務是絕大部份用戶永遠不必付費，服務成本由一小部份用戶支付。比如相冊分享服務 Flickr，除非想要更大空間及更完善功能的用戶才需要升級並付費，當然順帶著就把免費用戶的費用一起付掉了。由於硬體、帶寬等成本由數量巨大的用戶分攤，平均到每一個用戶身上費用很低，一個付

費用戶除了支付自己的更大空間外，還要支付另外不少免費用戶的成本，總價格還是在可以承受的範圍之內。

Internet 給免費行銷策略提供了最好的舞臺，使免費策略可以發揮得淋漓盡致。

3.免費的吸引力

任何一個市場行銷人員都很清楚「免費」的致命魅力。無論什麼東西，只要免費贈送都有人要，而且都是搶著要，不管這個東西是什麼，也不管用戶是否真的需要。來自「免費」的吸引力強大到足以抗衡法律、道德、對隱私的關注。從網上那麼多盜版音樂、電影，各種版權作品分享服務大行其道，就可以看出法律的制裁，道德的譴責，對隱私的擔心，都比不上免費這兩個字的威力。這適用於任何地方，包括最注重版權的歐美國家，用戶們也一樣興高采烈地免費欣賞著本不該免費的歌曲、電影、書籍等。免費的吸引力並不在於產品的價值多少，而僅僅就是因為免費本身，不然就很難解釋下面這些現象。

· 社區做一些慶祝活動，提供免費食品，大家可以排隊領取。為了領一袋價值 5 毛錢的爆米花，大家都願意排 10 分鐘的隊。對大部份人來說，10 分鐘所能創造的價值或能賺的錢遠遠超過 5 毛錢的爆米花。排隊領取不是在佔便宜，而是在浪費時間、花更多的成本。但是大家不在乎。具有吸引力的不是那 5 毛錢，而是免費這件事本身就讓人不可抗拒。

· 各種展覽會上參展商分發印刷精英的手冊、畫報、產品資料，參會人員都手提塑膠袋，裏面裝滿了這些資料。

有多少人真的需要這些資料，並回去會參考這些資料？
又有多少人領完資料，辛辛苦苦扛回家只是為了再費點
勁扔掉？記得以前去這種展覽會，拿資料還有一個用處
就是包書皮。現在恐怕沒有多少人包書皮了，但還是會
拿這些資料。沒有別的原因，就是因為免費。

報紙或雜誌上常有免費代金券，比如一些飯館憑剪下來
的代金券免費提供價值 3 元的咖啡。剪下來和老婆孩子
去飯館把這張代金券花掉，代價是花 100 元吃一頓晚餐。

很多時候，免費贈送的東西我們並不需要，從理智上來說
也並不在乎幾毛或幾塊錢。但是只要免費，就是那麼的讓人無
法拒絕，這就是為什麼免費策略百試不爽。

免費與價格便宜是兩碼事，收費一分錢和完全免費也是兩
碼事。免費贈送有 100 個人使用的話，收一分錢費用，可能就
剩下一個人會使用。不是因為用戶捨不得那一分錢，而是因為
對用戶來說低價和免費是完全不同的兩件事。

4.免費是最容易的銷售

對商家來說，免費策略最大程度地降低了銷售阻力，常常
可以把不可能變為可能。

如果用戶已經習慣使用某種日常用品，想要讓用戶改變這
個習慣，靠價格、廣告明星代言、包裝很可能都不管用，而最
管用的就是直接免費給用戶試用。沒有什麼比白給更好的方法
了，用戶會覺得不用白不用，不下載白不下載，不看白不看。
而一旦開始白看白用，就產生了改變使用習慣的可能性，商家
就多了一個潛在用戶，抓住了繼續行銷的機會。

也正是在這個意義上，免費策略並不是提供一些便宜的垃圾產品，而必須是高品質的產品，讓免費使用的用戶得到最好的初體驗。

免費策略也是最容易產生病毒式傳播的手段，因為用戶可以沒有任何心理負擔地向其他人推薦。使用 Hotmail 的用戶，不介意裏面的 Hotmail 廣告，甚至很高興地向其他人推薦 Hotmail，反正也是免費，不會怕其他人懷疑有什麼不良動機。但是如果向親戚朋友推薦要收費的產品，恐怕就會擔心人家把你當成傳銷，或者你是不是會拿回扣。免費策略之所以效果非凡，就是「免費」這兩個字對用戶產生的無法拒絕、不可抗拒的心理效果，以及能迅速被用戶傳播的可能性。

心得欄 _____

_____

_____

_____

_____

_____

27

免費策略應用實例

1.基本產品免費，升級付費

在網上這是最常見的方法。很多軟體發展商會提供兩個版本，免費版本包括了最基本的功能，升級付費版本包含更完整的功能或增加客戶服務，比如殺毒軟體 AVG。

再比如 Skype，所有用戶都可以下載，免費使用 Skype 電腦用戶端，它的語音和視頻通話效果都非常好。但如果用戶想從用戶端向普通電話撥號就需要付費。

很多分類廣告網站也是這種形式，普通用戶可以免費發佈分類信息，但是如果要在某些特定，通常也是最熱門的類別發佈信息，比如房地產類別、招聘類別、則需要升級賬戶和付費。著名的分類廣告網站 Craigslist 就是使用這種模式。

2.用戶免費，廣告商付費

這種方式在傳統媒體中已經很常見。電視和電臺廣播都是典型的用戶免費，廣告商付費。電視觀眾看電視並不需要付錢，電視臺賺錢是通過廣告商。

實際上大部份以廣告爲贏利模式的新聞和信息類網站，也屬於這種形式。用戶可以免費看各種新聞、評論、博客帖子、

論壇帖子等，網站是通過出賣廣告賺取利潤。

Hotmail 及其他常見的免費郵件服務，也都是這種方式。

目前的搜索引擎也是用戶免費，廣告商付費。無論是百度還是 Google，搜索用戶都是免費使用，PPC 廣告客戶需要付費才能把廣告做在搜索結果頁面上。這種廣告方式從 Overture 開始，被 Google 發揚光大，現在已經成為網路廣告的主力形式之一。還有很多內容提供商也在改變本身的收費模式，轉而採用免費策略。比如著名的紐約時報網上版就取消了付費訂閱，所有用戶可以免費流覽紐約時報的巨量信息，紐約時報通過網路廣告贏利。從相對傳統的付費訂閱，轉為用戶免費閱讀，廣告商付費，這是一個相當重大的策略轉變。據說紐約時報到目前為止對效果滿意，所以有其他主流報紙也會效仿。

3.買家免費，賣家付費

最典型的就是 B2B 平臺，用戶可以免費註冊賬號，發佈供求信息，只有當賣家需要回覆買家詢盤時，才會用到付費賬號，否則無法聯繫對方。

另外一家 B2B 平臺 ECVV，對收費模式進行了改革，不是採用付費會員方式，而是當有詢盤時，賣家按一次詢盤需要付一定費用的模式進行。從根本上說也還是買家免費，賣家付費。

最大的個人電子商務平臺 eBay，實際上也是這種方式。賣家登錄產品需要付費，產品賣出去還要支付交易費用，而買家流覽、購買都不需要支付管理費用。

4.產品免費，延伸服務收費

商家免費提供不錯的產品，用戶可以自由使用，如果用戶

需要用到與之相關的服務時就得付費了。這些延伸服務並不是使用產品所必須的。

一些開源軟體提供商，如博客軟體 WordPress、購物車軟體 OSCommerce、ZenCart、ShopEX、還有很多論壇軟體都是如此。軟體本身功能強大，深受歡迎而且免費使用，軟體發展商通過範本定制、功能定制、安裝服務、軟體發展等延伸服務贏利。

很流行的購物車軟體 ShopEX 以前曾經是付費軟體，後來也適應網上同類軟體的趨勢免費提供，使軟體更迅速地在用戶中傳播，佔領市場。用戶群增長，帶來的延伸需求自然增長。

一部份網路遊戲也是典型的產品免費，延伸服務收費，尤其是近兩年的網遊，基本上都是這種方式。用戶免費玩遊戲，但是需要買裝備時則需要付費。這種免費模式被網路遊戲證明，效果十分顯著。

編程語言 Java 也是這種方式。程序語言本身免費使用，軟體發展者 Sun 公司依靠提供伺服器和定制軟體發展贏利。

著名的音樂全才 Prince 在 2007 年 7 月通過英國的每日郵報免費散發 280 萬張自己的音樂專輯，每日郵報爲此付出每張專輯 36 分的版權費。結果是雙方都獲益。每日郵報當天發行量增長 20%，獲益更多的是 Prince 本身，除了獲得差不多 100 萬美元的版權費以外，更大的收穫是 8 月份的 21 場倫敦演唱會，門票很快銷售一空，總共賺了 2340 萬美元。免費分發專輯的目的，就是爲了賣演唱會門票。

類似的音樂提供在網上還有很多，不少音樂創作者已經不

寄希望於通過銷售 CD 賺版權費，面對現在的音樂市場，對免費
提供的 MP3，甚至盜版等，一些音樂創作者並不介意，因爲帶
來的好處是知名度的提高，以及參加現場演出的機會增加。

5.設備免費，耗材收費

最典型的就是印表機。現在大部份印表機都是以成本價，
或低於成本價在銷售，生產商賺錢的地方是耗材墨水匣，甚至
很多時候買一套墨水匣的價格，與買一台配有墨水匣的新印表
機價格也差不多了。由於墨水匣需要連續消費，生產商即使賠
本賣印表機，也可以通過耗材賺錢。

另一個典型是手機服務，手機免費贈送，條件是要和服務
商簽訂 2～3 年的長期合約，保證使用手機服務，如果中途取消
手機服務，當然有罰款。由於手機成本的降低，一兩百塊的手
機本身已經無法賺錢，但通過免費贈送手機，鎖定用戶 2～3
年的服務，也就鎖定了上千元的服務費。對通信服務商來說，
基礎建設完成後，增加一個用戶的服務成本近乎爲零。

飲用水市場也經常使用這種方式。很多生產商免費提供飲
水機，用戶需要付費購買的是純淨水。

6.用戶免費，企業收費

有一些服務是普通用戶免費，企業用戶需要付費，尤其是
牽扯利用產品進行生產製造的企業。

比如著名的跨平臺文件格式 PDF 就是一個免費策略例子。
用戶可以在 Adobe 網站免費下載 PDF 閱讀器軟體，也正因爲如
此，很多電子書、行業報告等文件都是以 PDF 格式製作，使 PDF
成爲應用最廣泛的跨平臺文件格式，成爲發佈、分享文件的事

實行業標準。據統計，98%以上的電腦裝有 PDF 閱讀軟體。

　　而要想製作 PDF 文件的用戶，則需要購買 PDF 文件製作軟體，才能把 Word 等文件轉換爲 PDF 格式。現在也有一些免費 PDF 製作軟體，不過功能與 Adobe 的原版 PDF 製作軟體相差還是很多。

　　另一個例子是媒體播放器軟體 RealPlayer。製造商 RealNetwork 免費提供播放器軟體給用戶下載，其贏利大部份來自於應用 RealPlayer 的企業用戶，比如需要使用 RealPlayer 格式在網站上提供流媒體內容，就需要使用專用的軟體及伺服器。另外一部份收入是付費版 RealPlayer 播放器，不過由於微軟的媒體播放器等都是免費，付費版 RealPlayer 已經很少有人使用。由於公司策略問題，免費 RealPlayer 現在也已經不是主流，不過當年 RealPlayer 是最好、市場佔有率最大的媒體播放器軟體。

7.付費產品贈送免費禮物

　　還有一個最簡單的免費策略，就是付費產品贈送免費禮物。比如用戶買高檔化妝品，附送免費面膜；用戶買服裝，贈卡；航空公司給用戶積累飛行裏數，達到一定分數後，附送免費機票等。

28

免費最終是為了收費

1.最早的免費策略感受

在電影學院念書的時候。電影學院學生畢業前都要拍畢業作品，也就是電影短片，學生自由組合成攝製小組，使用正規設備拍攝。

拍攝需要的電影膠片是相當昂貴的，電影膠片和傳統照相機使用的彩色膠捲是一樣的，只不過每秒鐘需要拍 24 張，大家可以想像拍 10 分鐘的短片得需要多少膠片。10 分鐘的完成影片，又需要至少拍攝數倍長度的素材。所以膠片成本是學生做畢業影片的最大負擔之一。不過這一直不是電影學院學生作品的困難，因為柯達公司一直免費向電影學院學生提供膠片。

這是一個很有效、很巧妙的免費策略。拍攝膠片是一個實驗性非常強的技術，膠片和很多機器不一樣，不是看說明書就能熟練使用的，必須經過摸索、感覺，才能掌握特定膠片的性能。學生拍攝畢業作品時，對柯達膠片的色調、曝光特性、質感等都熟悉以後，出去工作拍電影要用膠片時，會選那個牌子的膠片？如果沒有特殊原因的話，當然首選自己最熟悉的膠片。

電影學院的學生畢業以後都是柯達膠片最忠實的用戶，每

年會需要多少膠片來拍攝故事片、紀錄片、廣告等呢？這個買賣做得很划算。當年就很感慨，商人都是精明的，現在回想起來更覺得很值得學習。

2.免費午餐還是為了收費

對用戶來說，網上確實有免費午餐。很多服務只要用戶願意，就可以一直使用，像雅虎郵件賬號。在可以預知的未來，看不出雅虎有收費的可能，只要願意，也許可以使用幾十年。

但是站在服務商的角度，又可以說天下沒有免費的午餐。所有免費的一切，最終還是為了收費。要麼是向用戶收費，先免費後收費；要麼是由一部份用戶為所有用戶付費；要麼是廣告商或企業用戶為其他用戶付費。

沒有看到任何商業公司的免費產品或服務，不是為了最終收費這個目標。有很多目前看起來完全免費的服務，早晚也是要收費的。贏利模式可能需要一段時間摸索，比如當年的 Google 等搜索引擎，在競價排名機制成熟之前一切免費，Google 運行了不短的時間也不知道收費模式在那裏，最終 Overture 競價排名模式通過 Google 發揚光大。

再比如淘寶。和 eBay 不同，淘寶對買家賣家全部免費，不收產品登錄費，也不收交易費用。這對迅速佔領市場當然有好處，但相信淘寶最終一定會開發出更大規模的收費模式。目前所收取的費用僅僅是賣家在淘寶網站內競標關鍵詞，不過並不是強制性，賣家不想競標的話也沒關係。雖然不知道淘寶的收入數字，但猜想站內關鍵詞競標，恐怕還不足以贏利。

另一個可能的贏利點是支付寶每天的現金流動。據說每天

通過支付寶的交易金額達到數億，光利息收入就不少。而且有了支付寶，等於淘寶隨時有現金可以使用，和開銀行差不多。但是這些收益有多少？是否足以支付淘寶費用？外人無法知道。相信等淘寶沒有真正的對手後，還是會收費的。就算不是eBay模式的收費，也會有其他收費。

3.免費走向收費

為了從免費模式最終走向收費，商家就需要審視自己的產品，有那些產品或產品的某部份可以免費贈送？又該怎樣收費？最終能完成收費的免費策略通常有這樣幾個可能性。

第一，產品可以分成不同的部份。某些部份可以白給，另外一部份可以出售贏利，這兩部份必須緊密結合，誰離了誰都不能使用。刮鬍刀就是最典型的產品，刀架沒有刀片，完全沒有用，刀片離了刀架，也沒什麼用。所以才能刀架免費贈送，靠刀片賺錢。

印表機耗材也是如此，沒有了油墨，印表機毫無價值。飲用水也是，沒有了水桶裏的水，飲水機本身一點用都沒有。網路遊戲在很大程度上也是如此，沒有設備、衣服和一定的等級，用戶也可以玩，但是效果就差得很遠了。要想玩得盡性，就得買配套的其他付費產品。

所以使用免費策略的第一點，就是看自己的產品或服務能不能分成兩部份，兩者無法分開單獨使用。

第二個可能性是產品製作、運輸成本低，甚至可以忽略。產品研發成功之後，複製或製作、運輸如果成本都很低的話，就是一個好的可以用於免費贈送的產品。比如軟體，一旦研發

成功，用戶下載、複製成本是零，開發商要麼可以靠完整版收費，要麼可以靠延伸服務收費。

電子書也是這種非常有利於免費贈送的產品。比如電子郵件行銷爲吸引用戶訂閱贈送電子書。

第三個可能性是有大量市場需求，比如生活日常用品洗髮水、牙膏、洗滌劑、化妝用品等。這種產品製造和運輸成本不能忽略，但是一旦培養出忠實用戶，必然產生不間斷的大量需求，就可以考慮免費贈送試用，或者把產品的一部份免費贈送。

再比如印表機，製造成本並不低。不過列印是現代辦公不可少的日常活動，機器免費贈送，只要能帶來對墨水匣的大量需求，就不妨免費贈送印表機。

再比如即時通信運用最成功的 QQ，就抓住了網上用戶需求量僅次於電子郵件和搜索的即時通信。普通用戶免費使用，由於市場需求龐大，那怕只有 1%的用戶會購買延伸服務，那也足以產生巨額利潤。QQ 的付費項目五花八門，從特殊 QQ 號碼到表情、衣物、廣告、一切付費的服務都是基於免費 QQ 之上的。

第四個可能性，某些產品或服務雖然用戶不付費，但有可能找到廣告商付費，比如網上大量的新聞類網站。對一些門戶網站來說，產生內容的成本也不低，需要大量編輯，需要與傳統媒介合作，但是這一切只要能找到廣告商買單，也就可以生存和贏利。

總之，免費只是一個行銷策略，一定不是產品和服務的最終目標。無論免費產品是以那種面貌出現，其最終目的還是爲了收費。

29

免費策略的奧妙

一部份免費策略是沒什麼風險的，尤其是那些複製、配送成本爲零的產品，諸如電子書、軟體等。就算免費策略最終沒有能夠成功地發展出收費模式，也不至於對企業和網站造成致命打擊。

但有一些免費策略要大規模使用就帶有一定的風險，需要行銷人員事先做好市場調查及測試。

免費策略的實現可能性之一，就是把產品分成不同的部份：一部份免費，另一部份付費。這就有可能產生一些風險，比如替代產品帶來的風險。

最典型的就是印表機油墨。主流印表機生產商都採用類似的免費策略，印表機本身近乎白送，然後從墨水匣賺錢。但是一些小廠商生產的相容墨水匣對這種贏利模式造成了很大衝擊和壓力。所以這些印表機生產商不像其他軟硬體生產商那樣，儘量使自己的產品與其他產品相容，而是絞盡腦汁讓自己的產品不相容，才能避免自己的印表機免費或低價，結果卻幫別人賣墨水匣。

有實力的印表機品牌能調整產品策略，使整個模式進行下

去。規模小的公司，就不一定能抵擋得住替代品的衝擊。

　　被分成兩部份的產品或服務，還必須有極強的互補性。也就是說，一部份離開另一部份就無法使用。如果兩部份能各自獨立存在使用，也對免費策略造成威脅。

　　依靠賣廣告的免費策略也有天生的風險。當年 Internet 泡沫破滅之前，最流行的說法就是大家都建網站，吸引用戶，然後賣廣告，結果是沒有多少靠賣廣告生存下來的網站。最終生存下來的都是那些身經百戰，並且確實在內容上有獨到之處的大網站。

　　另外一個風險是，免費產品給予用戶最初體驗，極大降低用戶接受的門檻，但同時也就成為產品品質的試金石。好的免費產品容易讓用戶轉換品牌，不好的初次體驗也就意味著再也沒有機會獲得這個用戶。所以在發展可以用於免費贈送的產品時，一定不要覺得反正也是免費，就弄一些低質的東西糊弄用戶。越是免費，品質越是要做到最好。

　　免費策略大致上還可以分為兩種，一種是免費策略僅僅作為行銷手段，另一種是把免費策略發展為商業模式。僅僅作為行銷手段的，比如試用版免費軟體、免費電子書下載等，可以說風險非常低。但是當把免費策略上升為商業模式時，風險程度相應提高，比如免費網路遊戲、PDF 閱讀器等。對中小企業網站來說，最好先把免費作為網路行銷的手段，不要輕易把整個商業模式建立在免費策略上。

30

博客和博客行銷

博客是這幾年最火爆的網路應用之一。據說國內寫博客的人已經多達幾千萬。在一定程度上說,還沒有使用博客行銷的,就不是好的網路行銷人員。

要瞭解什麼是博客行銷,首先就要知道什麼是博客。

簡單地說,博客就是日記形式的網站。博客最初的名稱是 web log,由 web 和 log 兩個單詞組成,按字面意譯就是網路日誌。後來喜歡創造新名詞的人把這個詞的發音故意改了一下,讀爲 weblog,由此 blog 這個詞被創造出來。

博客就是在網上寫的日記,有一些普通日記的特徵。比如正文是按時間排序,不過與寫在日記本裏的日記不同的是,最新的文章排在最前面,老的日記會被逐次推到後面。

博客都有按時間列表,列在側欄中,讀者可以點擊查看以前的日誌。

另外側欄中還有按主題分類,還有按標籤分類,所以博客是一個很靈活的網站系統,同一篇帖子會出現在按時間、標籤、主題分類頁中,當然也會出現在按時間排序的首頁上。

博客的另外一個特點是 RSS 種子訂閱,讀者可以使用自己

喜歡的 RSS 閱讀器訂閱博客,而不必到博客網站上來看帖子。RSS 是 Web2.0 網站的特徵之一,現在很多網站都有「RSS 訂閱」按鈕,但被使用最多的 RSS 訂閱還是博客。

相應地,博客行銷指的就是運用博客宣傳自己或宣傳企業。這裏所討論的博客行銷指的是發表原創博客帖子,建立權威度,進而影響用戶購買。

網上有很多所謂博客行銷,但算不上是博客行銷。比如有的人認為博客行銷是去各個免費博客託管服務商網站建立大量博客賬號,同一篇博客帖子發表在這些託管博客平臺上,甚至有的文章根本就是抄襲或轉載的,其目的就是從這些博客產生外部鏈結,用來推廣自己的主站。不認為這是博客行銷,這是建立外部鏈結的方法,而且是有點灰色的方法。

有的人認為博客行銷是企業付費聘請其他博客寫手撰寫博客帖子,評論企業產品,發表在自己博客上。有的博客託管服務商就提供這種服務,叫做付費博客。我也不認為這是博客行銷,把它叫在博客上做廣告更合適。

真正的博客行銷是靠原創的、專業化的內容吸引讀者,培養一批忠實的讀者,在讀者群中建立信任度、權威度,形成個人品牌,進而影響讀者的思維和購買決定。

31

博客行銷就是爭奪話語權

博客行銷的本質在於爭奪話語權。或者說得直白一點，寫博客就是爲了昭告天下：這裏有這麼一號人，他的言論是應該被注意的。有了話語權，行銷迎刃而解。

博客並不是直接發佈產品介紹，也不是發佈公司新聞，而是獲得話語權，建立權威地位後偶爾提一下某個產品或服務，在潛移默化中影響用戶的購買決定。博客要發揮作用，必須首先被人信任，首先成爲一個品牌，在行業中具有影響力，掌握話語權。有影響力的博客，不管說什麼話，都會有人相信。同樣的話不同的人說出來，效果大不一樣。

之所以效果有這種差別，是博客作者長年累月積累的結果。要想靠博客爭奪話語權，就必須分享自己的知識、經驗、體會，而不是直白地推銷產品，或者發佈公關新聞稿。

很多大公司把博客作爲新聞發佈的主要平臺之一，比如Google官方博客。Google不同部門運行各自的官方博客，當有新產品推出時都會在官方博客發佈新聞。由於訂閱 Google 博客的人數巨大，通過博客立即可以在業界產生影響，把消息傳達到最終用戶的眼前。

　　不過這種在博客上發佈新聞的方式不是絕大部份中小企業能有充分發揮的博客行銷手段。Google 這些大公司的博客對博客行銷人員多少有些誤導。Google 的博客之所以被用來發佈產品新聞，是因爲他們已經有了極高的權威度和巨量訂戶。普通企業的博客如果被用來介紹產品和發佈新聞，壓根就不會有人閱讀和訂閱，就更談不上博客行銷效果了。

　　要想獲得話語權，博客最好專注於某個專業話題，因爲我們無法面面俱到。任何一個作者都不可能在每個行業都能寫出見解深刻的帖子。

　　博客要想發揮行銷作用，不必直接談產品，也不必直接談公司，只要細心經營內容，建立影響力、品牌，獲得話語權，在需要的時候提一下要行銷的網站或產品，效果就會馬上顯現。

　　簡單提一下就會產生效果，是建立在長年累月經營博客的基礎上。

心得欄

32

網路行銷效果的評測

網路行銷與線下行銷相比，最大的優勢之一就是網路行銷效果，投入產出都可以正確統計和測量，而大部份線下行銷方式很難準確評測行銷效果。

廣告界有一個著名的說法，廣告商都知道有 50%的廣告預算是浪費了，但是卻不知道浪費在那裏。進入網路行銷領域，廣告商可以在很大程度上精確測量投入及產出。

以線下最典型的廣告、報紙及電視廣告爲例。廣告媒介所能提供的只能是報紙發行量和電視節目收視率。但廣告真實送達率有多高，卻無從統計。看報紙的人，大部份會忽略分類廣告版。其他版面的廣告，能被多少人真正閱讀，也無法統計。電視廣告也類似。

很多人都有同樣的習慣，就是廣告間歇的時候調到其他台看有什麼節目，或者廣告出現時，聊天或做其他事。

由電視、報紙廣告所帶來的銷售就更無從測量。

當然這不是說電視報紙廣告效果不好。正相反，由於電視報紙的主流傳媒地位，覆蓋面非常廣，所達到的行銷效果是其他方式不可替代的。甚至可以說大部份重要品牌脫離開電視報

紙廣告就沒有它們今天的地位。

這裏著重探討的問題在於線下廣告效果的不能準確測量性。

在線下銷售過程中也很難對用戶進行跟蹤監測，並相應的做出改善。一個用戶去商場逛了半天，如果最後沒有購買任何東西，那麼商場根本就不知道這個用戶來過。如果這個用戶買了東西，商場能得到的數字只是銷售額和所購買的商品清單。用戶什麼時候進入商場，流覽了那些商品，也還是一無所知。

當然這裏說的是正常情況。聘請市場調查公司針對隨機用戶進行監測時是例外。

與此相比較，網路行銷則是另外一個場景。用戶怎樣進入網站？什麼時候進入網站？在網站上流覽了那些頁面？在頁面上停留時間多久？直到最後購買了那些產品？購買的金額是多少？這些都可以清楚準確地進行統計。就算用戶沒有進行購買，他在網站上的活動也都留下了蹤跡，可以跟蹤分析。

一、網路行銷效果評測為什麼重要

網站需要密切監測行銷效果，並不是爲了給老闆看，而是爲了選擇出最有效的網路行銷方式。

有很多網路行銷手法，但不是每個網路行銷手法都會有效，各種手法的效率也有不同。只有網路行銷人員進行各種嘗試，同時計算出投入產出比、監控效果，才能找出最有效的方式，並重覆使用經驗證的最有效的方式。而無效或者投入產出

比過低的，則不再使用。

線下廣告往往不知道廣告預算浪費在什麼地方。而網路行銷則可以通過效果監測知道那個行銷活動是虧本的？那個是贏利的？

最重要的不在於成本高低，而在於投入產出比。最典型的例子就是競價排名。每次用戶點擊，都是實打實地要花出現金。但是如果有足夠高的投入產出比，網站就可以放心投入廣告預算。這也就是爲什麼有的網站甚至有競價排名預算花不出去。因爲他們經過監測和計算，知道那些關鍵詞必然帶來效益，但是這些關鍵詞被搜索的次數卻是有限的，並不能無限擴張。所以很多做搜索競價的公司都要投入時間，發現更多的關鍵詞，監控這些關鍵詞的效果，挑出效果好的詞，並停止賠本的關鍵詞。

二、網路行銷效果評測的一般模式

網路行銷效果評測通常分爲四步：
1.確定行銷目標
網路行銷人員必須明確定義網站目標。這個目標是單一的，可以測量的。

比如，如果是直接銷售產品的電子商務網站，當然網站目標就是產生銷售。但網站的類型多種多樣，很多網站並不直接銷售產品，網站運營者就需要根據情況制定出可測量的網站目標。如果網站是吸引用戶訂閱電子雜誌，然後進行後續銷售，

那麼用戶留下 E-mail 位址、訂閱電子雜誌，就是網站的目標。網站目標也可能是吸引用戶填寫聯繫表格，或者打電話給網站運營者，也可能是以某種形式索要免費樣品，也可能是下載白皮書或產品目錄。

這些網站目標都應該在網站頁面上有一個明確的目標達成標誌，也就是說用戶一旦訪問到某個頁面，說明已經完成一次網站目標。

對電子商務網站來說，目標達成頁面就是付款完成後所顯示的感謝頁面。電子雜誌註冊系統目標達成頁面就是用戶填寫姓名及電子郵件的，提交表格後所看到的確認頁面或表示感謝的頁面。如果是填寫在線聯繫表格，和訂閱電子雜誌類似，完成目標頁面也是提交表格後的確認頁面。如果是下載產品目錄或白皮書，就是文件被下載則標誌著完成一次目標。

2.計算網站目標的價值

明確了網站目標後，還要計算出網站目標達成時對網站的價值。

如果是電子商務網站，計算非常簡單，目標價值也就是每一次銷售產品所產生的利潤。其他情況可能需要站長下一番工夫才能確定。

如果網站目標是吸引用戶訂閱電子雜誌，那麼站長就要根據以往統計數字計算出電子雜誌訂閱者，有多大比例會成為付費用戶？這些用戶平均帶來的利潤是多少？假設每 100 個電子雜誌用戶中有 5 個會成為付費用戶，平均每個付費用戶會帶來 100 元利潤，那麼這 100 個電子雜誌用戶將產生 500 元利潤，

即每獲得一個電子雜誌訂閱者的價值是 5 元。

類似地，如果網站目標是促使用戶打電話直接聯繫企業或站長，行銷人員就要統計有多少電話會最終轉化爲銷售？平均銷售利潤又是多少？從而計算出平均每次電話的相應價值。

3.記錄網站目標達成次數

這個部份就是網站流量統計分析軟體發揮功能的地方。沿用上面的例子，一個電子商務網站，每當有用戶來到訂單確認完成網頁，流量分析系統都會記錄網站目標達成一次。有用戶訪問到電子雜誌訂閱確認頁面或感謝頁面，流量系統也會相應記錄網站目標達成一次。有用戶打電話聯繫客服人員，客服人員也應該詢問用戶是怎樣知道電話號碼的，如果是來自網站，也應該做相應記錄。

網站流量分析系統更重要的是不僅能記錄下網站目標達成的次數，還能記錄這些達成網站目標的用戶是怎樣來到網站的？是來自於搜索引擎？那個搜索引擎？搜索的關鍵詞是什麼？還是來自於其他網站的鏈結？來自於那個網站？或者來自於搜索競價排名？這些數據都會被網站流量分析系統所記錄，並且與產生的相應網站目標相連接。

4.計算網站目標達成的成本

計算網站目標達成成本，最容易是使用競價排名的情況下。這時候每個點擊的價格，某一段時間的點擊費用總額、點擊次數等數據，都在競價排名後臺有顯示，成本非常容易計算。

對其他網路行銷手段，則需要按經驗進行一定的估算。有的時候比較簡單，有的時候則相當複雜。如果網站流量是來自

於搜索引擎優化 SEO，那麼需要計算出外部 SEO 顧問或服務費用，以及內部配合人員的工資成本。如果是進行論壇行銷，則需要計算花費的人力、時間及工資，換算出所花費的費用。

有了上面四項數據，就可以比較清楚的計算網路行銷的投資報酬率。

假設網站競價排名在一天內花費 100 元，網站目標是直接銷售。一天內銷售額達到 1000 元，扣除成本 500 元，毛利為 500 元，那麼這個競價排名推廣的投入產出比就是 1：5。

三、銷售數字的監控

除了網站流量監控及分析外，對電子商務網站更重要的當然是銷售數字的監控。這一部份異常重要，不過比較直截了當。網路行銷者應該通過銷售後臺統計每天的訂單數，每單平均交易金額，各產品各品牌或按類別顯示銷售訂單數及金額。以時間為橫軸，顯示銷售訂單數、總金額、每單平均金額、各品牌、各產品銷售等隨時間的變化。

對銷售數字的監控，一方面可以體現網路行銷活動的總體效果，另一方面也可以提供給財務部門進行公司財務核算。

四、更廣泛的網路行銷效果

網路行銷方法及目標千變萬化，有的時候網路行銷活動的終極目標與銷售沒有直接關係，那麼也就難以銷售金額作為衡

量指標。在評測網路行銷效果的第二步,確定網站目標價值時,也就無法以具體金額數字爲依據。

比如說,有時企業的網路行銷目標就是建立和推廣品牌,使更多用戶注意到品牌名稱,目的就達到了。這時網路行銷效果測量很可能無法以網站流量和銷售數字爲依據,而可能採用下面的形式:

1.網路廣告流覽率

我們都知道網路廣告效率越來越低,因爲網民都已經習慣和忽略了網路廣告,尤其是旗幟類廣告。但在塑造品牌時,以每千次顯示爲計費基礎的網路顯示廣告還是一種不錯的方式。雖然不一定能達成點擊和銷售,但至少可以把信息傳達給網民,起到推廣和強化品牌的作用。

2.文章或新聞被轉載率

有時企業通過發佈新聞或文章行銷達到推廣品牌的作用。高品質的文章及有賣點的新聞經常都可以被多次轉載。所以在新聞發佈或文章發佈之後幾個月內,通過搜索引擎搜索文章被轉載的次數也可以作爲衡量網路行銷效果的依據。

3.博客訂閱數

博客行銷在現代企業中越來越被重視,行銷效果在某些情況下也很好。博客行銷的本質在於獲得話語權,建立權威地位,而不是直接促成銷售。博客行銷的效果是潛移默化和長期的。博客本身的閱覽次數及訂閱博客種子的人數就可以成爲博客行銷效果評測的依據。

4.用戶在線參與次數

有的時候企業行銷活動以聚集用戶數，鼓勵網民參與某項活動為目標。或者有時候更簡單，某個網頁的流覽次數就是目標。用戶流覽某網頁內容，或看某段視頻，或在線玩某個遊戲，在這些活動過程中，就可以把企業的行銷信息傳達給用戶。

典型例子是新電影推出時，電影公司都會建立電影的官方網站。通常在電影上映之前就推出網站，吸引用戶到網站上玩遊戲、猜題、下載壁紙、看介紹短片等。這些活動參與的人數，就是網路行銷效果評測的依據。

這幾種情況，都難以用具體銷售金額來計算行銷效果，但是都可以有某種形式的數字作為依據。行銷人員可以把這些數字當做一個分值，雖然並不是一個金額，但通過這個分值也可以評價網路行銷的效果。比如每次一個用戶觀看宣傳短片計為 5 分，一個人下載壁紙計為 3 分。

在這些不能以銷售金額為依據的情況下，重要的是相對的數字及趨勢。只要行銷人員在確定了評價依據後就要保持一貫性。在一段時間內，以分值或流覽量等數字評價網路行銷效果，一樣具有相同的參考價值。

總而言之，重要的是任何網路行銷活動都必須數量化，進行監控和評測。有的時候就算具體數字的計算並不很準確，但只要保持計算方法一致，從統計數字相對於時間的變化就可以看出網路行銷活動的效率變化。絕對值往往並不重要，重要的是相對值及變化規律。

33

有效的網站流量分析技巧(一)

　　網路行銷主要還是以網站為基礎。網站流量、銷售和轉化率的變化，最集中地表現出網路行銷活動的效果。網路行銷效果評測可以說是一個終極指標。

　　很多網路行銷活動的細節卻不能從單一的終極效果指標來判斷。對行銷者來說，不僅需要統計跟蹤網路行銷效果，更重要的是看到成績或不足時，需要知道為什麼。這就需要仔細研究網站流量及用戶在網站上的活動。通過對流量的仔細分析才能發現網路行銷活動是怎樣在網站的各個細節上對用戶起作用，最終達到網路行銷的總體效果。

　　網路行銷活動不成功，要知道為什麼，也需要研究和分析流量，找出是那個環節做得不對。可以說網站流量分析是個寶藏，它不僅能告訴行銷者結果是什麼，還能展示出原因在那裏。

一、訪問量(Visits)

　　訪問量指的是某一段時間內網站被訪問的總人次。這無疑

是網站流量最重要的指標之一，它體現了網站推廣的總體效果。

流量分析軟體都可以按時間，比如每天或每星期，顯示出訪問數。很多軟體還可以以圖形方式顯示，就更加直觀。

在進行了某項特定行銷活動後，檢驗效果如何的第一個指標當然就是看所帶來的訪問數。比如網站的文章被社會化網路大量轉載，都經常會帶來訪問數的急劇提高。但通常在一兩天內又會下降到和以前差不多的訪問數。所以通過訪問數的變化及趨勢，就可以看出行銷活動的大致效果。

對某網站進行了優化後所顯示的流量成長情況。訪問數的變化也有一些與行銷活動無關。可以明顯看出，春節期間中文網站流量降低非常多。很多網站的主題是與季節或時間相關的，呈現出類似規律，十分正常，不一定說明行銷活動的成功或失敗。

二、絕對唯一訪問者數 (Absolute Unique Visitors)

絕對唯一訪問者數指的是在某一段時間內訪問網站的來自不同 IP 位址的人數。每一個 IP 位址通常對應的就是一個獨特的用戶。

這個數字通常都低於訪問數，因為有一些人會多次訪問同一個網站，雖然訪問數可能是每天 2～3 次，但還是一個絕對唯一訪問者。絕對唯一訪問者數與訪問數類似，在一定程度上顯示出網站推廣的整體效果。

三、頁面訪問數(Pageviews)

頁面訪問數指的是在某一段時間內被訪問或者說被打開的頁面總數。這就是站長統計經常見到的 PV，英文 Pageviews 的縮寫。PV 是網站賣網路顯示廣告時的重要依據。

通常用戶訪問網站時，會訪問不止一個頁面，所以頁面訪問數會比訪問數要高。頁面訪問數的變化趨勢一般與訪問數相同。

四、平均頁面訪問數(Average Pageviews)

就是頁面訪問數除以訪問數，Pageviews/Visits。也就是說，平均頁面訪問數就是用戶每次訪問網站時平均看了多少個網頁。像這個網站，2008 年 3 月份平均頁面訪問數是 2.60，即流覽者來到網站後，平均每次看了 2.60 個網頁。當然每天數字有微小變動。

平均頁面訪問數代表了網站的黏度。黏度越高，用戶看的網頁越多，平均頁面訪問數也就越高。像改善網站易用性；撰寫吸引目光符合用戶心理的網站文案；善於引導用戶完成銷售流程；良好的導航系統；這些都有助於提高網站的黏度，改善用戶體驗，也就提高了頁面平均訪問數。

或者從反面來說，如果你的網站平均頁面訪問數只有一點幾，恐怕網站易用性設計方面就有比較嚴重的問題。

平均頁面訪問數也和網站類型直接相關。最典型的情況是，論壇通常黏度很高，平均頁面訪問率也比較高，常常達到十幾頁以上。所以在通過平均頁面訪問數考察網站易用性時，也要考慮網站自身的特點。

五、網站停留時間(Time on Site)

指的是用戶每次訪問在網站上所花的時間。與平均頁面訪問數類似，網站停留時間也代表了網站的黏度。網站易用性越高，內容越吸引人，用戶自然停留的時間長，打開的頁面多。

網站停留時間和平均頁面訪問數對純粹博客網站是個特例。很多讀者經常看某一個博客的話，通常是來到網站首頁，讀了最新的博客，然後就離開了。

六、文件訪問數(Hits)

指的是在一段時間內所有調用文件的次數。這些文件包括了網頁文件、圖像、Js、flash 等所有文件。需要在網頁上加統計代碼的流量統計軟體，比如 Google Analytics，不能統計到文件訪問數，因為像圖像文件等並不能加統計代碼。只有分析伺服器原始日誌文件的流量分析軟體才顯示文件訪問數。

用戶打開一個網頁，通常流覽器都會訪問多個文件，包括 HTML 和圖像文件，所以文件訪問數通常要遠大於頁面訪問數。如果文件訪問數過大，說明網站頁面構成太複雜。每打開一個

頁面，都要調用很多文件。從行銷的角度考慮，應該嘗試儘量減少需要訪問的文件數目，降低頁面打開時間。

七、彈出率(Bounce Rate)

彈出率指的是流覽者來到網站，只看了一個網頁就離開的比例。

彈出率是網站是否滿足用戶需求的重要指標。如果用戶來到網站，大部份打開第一個網頁後，再也沒有點擊其他鏈結看其他網頁就離開，說明用戶在網頁上沒有找到他想要的信息，網站或者易用性很差，或者內容很不相關，無法吸引用戶繼續看其他頁面。

如果一個普通信息類網站或電子商務網站彈出率達到 60%左右，是一個非常值得注意的警訊。

八、訪問深度(Depth of Visit)

訪問深度指的是用戶在網站上訪問了多少個頁面。訪問頁面越多，深度越高。Google Analytics 以圖表形式列出訪問深度不同的用戶各佔百分比是多少。

訪問深度其實就是平均頁面訪問數的另一種形式，也是衡量網站黏度的指標。

九、用戶流覽器及電腦信息

　　這包括了流覽器類型、版本、用戶電腦作業系統、顯示器解析度、是否支援 Java 等。這些信息都顯示出網站用戶使用什麼電腦，以及什麼流覽器訪問網站。網站運營者可以依據這些數據調整網站設計時應該以那些目標市場爲主要對象。

　　別忘了競爭對手和自己只是一線之隔。你的網站對用戶來說是非上不可的嗎？顯然不是。除了極少數像銀行這樣的特例外，絕大部份網站對用戶來說都不是一定要訪問。對普通用戶來說，非訪問不可的網站還真沒有幾個。既然用戶已經來到你的網站，就不要因爲流覽器相容問題把用戶趕跑。

心得欄

34

有效的網站流量分析技巧(二)

一、用戶地理位置(Network Location)

網站流量分析軟體也可以根據戶訪問時的 IP 位址判斷出用戶所在地理位置。像 GA 這樣的軟體，還可以以直觀的地圖方式，顯示用戶主要來自那些地區或國家。

如果你的網站具有地域性，比如只提供產品給某些省份的用戶，這部份流量統計會告訴你，你的目標市場與真正流量來源是否吻合。也可以反過來思考，如果發現某些地區有很多流量，是不是有可能把這個地區納入為目標市場。

二、流量來源(Traffic Sources)

所有的流量分析軟體都會清楚顯示三種主要的流量來源所佔的比例，各自的流量情況，以及隨時間的變化趨勢。這三種主要流量來源是：

1.**直接訪問**(direct traffic)

指的是用戶通過存在流覽器的書簽，或直接在流覽器地址框打入網址來到你的網站。直接流量在一定程度上代表了網站有多少忠誠用戶，因爲只有用戶覺得你的網站對他有幫助，才有可能存入書簽或記住你的域名。

2.來自其他網站的點擊流量(referring sites)

也就是說，你的網站鏈結出現在其他網站，用戶點擊了鏈結後來到你的網站。點擊流量可能是其他網站、博客、論壇等有人提到你的網站，也可能是站長自己在其他網站購買的網路廣告。

3.搜索流量(search engine traffic)

也就是用戶在 Google 搜索引擎搜索關鍵詞後看到你的網站，點擊搜索結果後來到你的網站。搜索流量高低代表了網站在搜索引擎中的排名情況。

如果網站直接流量比例是 18.19%，點擊流量 20.86%，搜索流量 60.94%。點擊流量比例偏低，搜索流量偏高，這一方面說明網站在搜索引擎中排名表現不錯，因爲網站很大一部份就是在談搜索引擎優化的，同時也說明流量來源太過於依賴搜索引擎，如果是純商業網站，有一定的危險性。如果搜索引擎演算法改變，對一個嚴重依賴搜索引擎流量的商業網站來說，打擊將是致命的。

流量分析軟體除了顯示這三種流量來源各自的比例數字，還顯示出這三種流量來源的品質，也就是跳出率，平均停留時間，平均頁面訪問數等。

直接流量通常是忠誠用戶。直接流量的跳出率是 57.62%，

平均網站停留時間是 4´16″，平均頁面訪問率是 3.05。都要比所有流量平均數要好，說明直接流量確實更關心這個網站，所以才停留時間長，訪問頁面多。

同樣，點擊流量統計也可以看出來自不同網站的流量品質。

例如來自 soso.com 的流量，跳出率是 73.20%。平均停留時間 1´56″，平均頁面訪問數 2.09，說明來自 soso 的流量相關性比所有流量平均情況要差。

再看流量，跳出率 45.45%，平均網站停留時間 10´56″，平均頁面訪問數 4.36。顯而易見，這兩個網站所帶來的流量對於網站來說品質相差非常大。當然，這並不是說網站本身的品質，而是指帶來的流量相關性高低。有的時候某個網站本身品質非常高，但由於鏈結文字的誤導性，或者設計方面的誤導性，用戶很容易點擊鏈結來到另一個網站，但實際上有一部份用戶是誤操作。這樣的流量對目標網站來說相關性將大大降低。

對一個網路行銷者來說，重要的是流量相關性和價值。如果要從這些網站購買廣告的話，從點擊流量不同的彈出率、停留時間、平均訪問頁面數等，就不難知道該從那裏買廣告。數字不會騙人，只有那些停留時間長，打開頁面多的流量，才是有價值的。類似地，搜索引擎流量也針對不同搜索引擎和關鍵詞列出彈出率，停留時間以及平均訪問頁面數。

三、訪問最多頁面(Top Contents)

顧名思義，被訪問次數最多的網頁。

從中可以看出，用戶對網站的那一部份最感興趣。

四、最熱門著陸頁面(Top Landing Pages)

指的是用戶來到網站時首先訪問的那個頁面。

用戶進入網站，雖然很大一部份是從首頁開始，但有的時候也不如此，也有一部份用戶是從欄目頁或具體內容頁加入的。最熱門著陸頁面列出了因為種種原因而最吸引用戶的內容，可能是來自搜索引擎，也可能是其他網站覺得你的文章好而鏈結過來。最熱門著陸頁面也列出了彈出率，也就是用戶從這個網頁進入網站，卻只看了這一個網頁就離開了。這個指標就清楚地顯示了這個特定網頁是否滿足了用戶的需求。

五、最熱門退出頁面(Top Exit Pages)

和最熱門著陸相對應，這部份顯示出用戶離開網站前所訪問的最後一個網頁是那些。流覽者看完這個頁面就離開了網站。

當然，排在最熱門退出頁面前方的可以預期，有很多會是被訪問最多的那些網頁，並不說明什麼問題。往往排在稍後一點，頁面本身訪問次數不多，卻使流覽者看完後立即離開網站比例比較高的網頁，就很可能是網站上沒能滿足用戶需求的那些頁面。可能是文章內容用戶不感興趣，可能是頁面沒有明確指示流覽者下面該怎麼做。

如果這樣的頁面是出現在購買流程當中的某一步就更說明

問題，可能就是阻礙用戶完成訂單的瓶頸。行銷人員應該仔細檢查這個網頁，看頁面上有那些因素造成用戶沒有完成訂購，反而離開網站。是下一步指示不明確？還是沒能再次向用戶強調購物是安全的？還是突然間加了一大筆運貨費，把用戶給嚇跑了？還是購物流程太長，使用戶厭倦了？行銷人員在發現了這樣的瓶頸頁面後，應該仔細研究頁面，自行嘗試完成訂購過程，看有什麼地方自己也會不知所從。

或者做一些市場調查，觀察實驗人員在購買過程中達到這一頁面時有什麼反應？有的電子商務網站購物流程中某些頁面有很高的退出率。如果沒有流量分析，就很難知道用戶是流失在那一步上。通過流量分析軟體可以比較輕鬆地找到這些頁面，從而解決問題。

六、轉化率(Goal Conversion)

大部份網站都是以商業為目的，轉化率是最重要的流量指標之一。Google Analytics 等流量統計可以設定那個頁面是網站目標完成頁面，用戶達到這個特定頁面，就計算為完成一個轉化，在流量統計後臺以圖形的方式直觀顯示出網站轉化表現。

功能比較強的軟體還可以根據不同的流量來源列出轉化率，這也是非常重要的統計數字。

流量來源顯示彈出率、網站停留時間、平均頁面訪問數等，固然這些數字說明了流量的品質，但是都沒有最終的轉化率更能說明商業價值。

通過流量分析可以輕易地找出那些關鍵詞帶來的最終銷售和利潤最高。這些高轉化率的關鍵詞有可能與網站停留時間和平均頁面訪問數高的關鍵詞有所不同，因為確實有一部份忠實用戶經常訪問網站，卻不一定有購買行為。

同樣，針對轉化的流量統計也揭示出來自那些網站的點擊流量價值最高。甚至從點擊數，轉化率以及平均每單訂購的金額，可以計算出這些點擊流量的平均價值是多少。這就為購買廣告以及搜索競價排名等推廣活動奠定了基礎。

對很多網站運營者來說，每天查看轉化數字是最愜意的一件事了。

七、銷售通路(Funnel)

功能比較強大的流量分析軟體會提供銷售通路監測。所謂銷售通路，即用戶在網站上購物時所必須完成的每一個步驟。網路行銷人員在軟體中定義那些頁面是用戶轉化必經的步驟，流量統計軟體可以以圖形的方式顯示出在這個銷售通路上每一步多少用戶完成，又有多少用戶停在某一個步驟上。

電子商務網站經常有這樣的現象，用戶把產品放入購物車，雖然顯示了購買興趣，但最終輸入個人信息、確認訂單、完成付款的比例，比生成購物車的要低得多。普通電子商務網站只有 20%～40%完成了最後的銷售過程,有 60%～80%的人雖然把產品放入購物車，卻由於種種原因中途放棄。

銷售通道統計就可以直觀地告訴網路行銷者，完成訂單的

那一個步驟流失最多的用戶？這個步驟就需要認真檢查，是否有阻礙用戶繼續購物的嚴重缺陷。比如是否要求用戶填寫的信息過多，用戶不勝其煩？是否付款方式選擇解釋的不清楚，用戶不知道該怎樣付款，從而產生不安全感？或者購物車系統沒有以簡潔的圖表方式列出購物車中所有產品的明細及總金額？是否用戶在確認購買產品後卻發現系統自動加進了一個事前沒有說清、數額不小的運輸費，讓用戶感覺有點上當？

所有這些可能性都在現實的網站中發生著。有很多步驟是網站運營者自己認為很合理的，但是實踐和數字才是檢驗的唯一標準。銷售通道流失率就清楚地表明應該改善銷售的那些步驟。去除了這些妨礙用戶完成訂單的瓶頸，將會使最終轉化率及銷售有很大改善。這種改善所帶來的效益，並不需要更多的行銷成本，因為用戶已經來到你的網站，甚至已經把產品放入了購物車。

很顯然，已經確認產品(通道第一步)，進入購物車收銀台最後步驟的用戶中 88%的人完成購物車註冊第二步(填寫個人信息)，卻有 98%的人流失在第三步上。這是一個不正常的極高比例。用戶如果只是隨便流覽一下，看了產品清單後改變主意不再想購買，應該不會填寫註冊表格。已經花時間填表的卻在第三步全跑了，說明這第三步有嚴重問題。

通道第三步是列出總金額，並列出其中總產品價格、總運費及消費稅金額。這一頁之後，用戶點擊付費按鈕就將被帶到支付閘道頁面。總產品金額在第一步已經顯示過一次，應該不是問題。消費稅比例是法律規定，用戶也應該有心理預期。問

題看來是運費。

關於運費的說明，在每個產品說明頁面及運輸運費常見問題頁面都有解釋。由於產品的特性，用戶往往會購買多件產品，產品體積又較大，運費是不小的數字。在最後金額頁面列出的總運費可能超出用戶的預想，讓用戶有花這麼多錢在運費上不值得的想法。雖然運費在產品說明等頁面是明顯標註了的，但加在一起列出來還是讓用戶嚇了一跳。

在對運費的說明文字等進行了一番實驗後發現基本沒什麼效果，最後解決的方法是取消運費，但當然得把運費加在產品價格中。用戶需要支付的總費用其實沒有什麼大的變化，但提供免費送貨顯得很有吸引力，產品價格雖然提高了，但用戶把產品放入購物車前就清楚知道價格，最後的總金額沒有給用戶一個「驚訝」。這樣的調整使第三步的流失率從 98%大幅降低到76%。同時，從第一步到第二步，也就是看了產品及價格清單後繼續填寫註冊表的流失率從 12%增加到了 36%。不過，總的效果是正面的，總體轉化率從 0.31%提高到了 2.07%。

心得欄

_____

_____

_____

_____

_____

_____

35

從流量統計來發掘機會

　　網站流量分析是網路行銷人員必須做的日常工作。分析網站流量的目的不僅在於知道行銷活動的效果，更重要的是在於從數據中瞭解用戶行為方式，瞭解網站弱點，從而找出改進方法，提高網站轉化率及效益。

　　面對眾多指標數字，初學者可能會無所適從，不知道從那裏下手分析，不知道那些數字更重要。

1.首先抓住網站基本流量信息

　　任何網站流量統計軟體，都會在最顯眼的地方列出基本流量數字。GA 在流量後臺首頁就顯示出網站的這些最基本信息，包括訪問數、跳出率、平均停留時間、平均頁面訪問數。

　　這些基本信息大體上體現出網站行銷效果如何及流量品質高低。

　　如果你的網站平均頁面訪問量達到 5 以上，說明你的網站黏度很高。那麼恭喜你，這是一個好現象，除非你的網站是個論壇，不然說明你的網站對用戶很有用。如果你的網站跳出率在 30%以下，說明這是一個成功的網站，基本滿足了用戶的需求。

這幾個基本數字還應該看隨時間的變化趨勢，在過去的幾個月，總訪問數是上升還是下降？是否有一段時間有明顯的高峰？這段高峰是否與策劃的行銷活動有直接關係？如果總訪問數一直隨時間而上升，說明長期的網路行銷活動收到了成效。

如果對網站架構做了調整後卻導致平均頁面訪問數下降或彈出率升高，說明調整是失敗的。對網站的調整修改不是設計師或企業老闆自己主觀覺得好就好的，而要用戶和數字說話。

有的統計軟體還可以顯示網站流量在每天 24 小時內的分佈情況。可惜目前不提供這個功能。

從中是否可以找出一些對網站有用的信息？你的網站是上班時間流量大還是晚上流量大？上班時間流量大是否說明你的網站用戶帶著商業和學習等目的來到你的網站？晚上流量大是否說明用戶以娛樂為主？能否通過網站上的用戶調查驗證？這樣的目標流量與你網站的初衷和目標是否吻合？

這些基本的流量信息及其隨時間的變化，可以讓行銷人員大致瞭解網站表現及行銷活動是否起到了作用。

2.深入瞭解流量來源

這是網站行銷人員最經常查看的部份。

直接流量、點擊流量和搜索流量，這三者各佔多少比例？有沒有那一個流量來源隨時間呈增長趨勢？是什麼原因？

在點擊流量來源中查看一下都來自那些網站？那些網站提到和鏈結你的網站時目的是什麼？有些什麼評價？是否有你從來沒想到過的網站帶來很多流量？這些點擊流量的品質如何？彈出率及停留時間怎樣？對於流量品質高的網站，能否直接與

它們聯繫，達成某種雙贏的深入合作方案？

仔細查看點擊流量可以發現，來自不同網站的流量相關性和品質差異是很大的，可以相差數倍。知道那些網站流量品質高，行銷人員就知道該在那些網站花更多時間、精力和預算。無論是網路顯示廣告、文章行銷、論壇行銷、博客留言、社會化網路行銷等，花同樣的時間在兩個網站上，效果可能相差幾倍。到底那個網站效果好，好多少，點擊流量數據一目了然。

搜索流量中那些關鍵詞最有效？計劃中的目標關鍵詞排名怎樣？更重要的是，帶來的流量品質怎樣？長尾關鍵詞是否充分發揮了作用？還是只依靠主要關鍵詞？有什麼關鍵詞是以前沒注意到的卻帶來高品質流量？如何圍繞這些高品質關鍵詞擴充更多有關內容？

要注意的是，網路行銷人員可以在自己的網站上看到成千上萬的這類點擊來路網站和關鍵詞，只要有心就能不斷發現新機會、新流量來源。

理解這些流量來源及不同來源的流量品質，使得行銷人員可以準確知道應該把時間更多花在那些行銷活動上。對於帶來高品質流量的來源，就應該乘勝追擊，開拓更多類似流量。

3.尋找網站弱點

流量統計不僅告訴行銷人員那些流量的品質更高，還告訴運營者網站上可能存在那些弱點使得用戶離開網站。

以彈出率為例，當以頁面為標準時，彈出率就顯示出這些頁面品質如何。尤其是應該列出網站上被流覽最多的頁面及最熱門的進入頁面，看這些頁面的彈出率是多少？這些頁面已經

聚集了大量用戶，如果這些頁面中的個別頁面彈出率比平均頁面彈出率高出一截，說明這個網頁沒能滿足用戶要求，用戶或者在這些頁面上沒找到自己想要的信息，或者看完網頁後卻沒有按照行銷人員設想進入下一個頁面，這都無法達成網站目標。

這樣的頁面雖然吸引了用戶，但同時也在流失用戶。對於這樣流量高同時彈出率高的頁面，設計者就應該仔細審視有什麼地方應該改進。很顯然，用戶已經用實際行動告訴設計者，這些頁面就是網站的弱點，或者說是達成網站目標的瓶頸。

設計人員應該通過變化這些弱點頁面上的設計元素，繼續觀察統計數字，選擇出最優化的頁面。比如說更改網頁標題或口號，很可能就會大幅降低彈出率。或者在網頁內容結束時，加上更明顯更有號召力的文字，吸引用戶點擊鏈結，也可能降低彈出率。當然，這都是最簡單的修改，頁面上的任何因素，包括用詞、排版、圖片、顏色等，都可以進行對比實驗，尋找出彈出率最低的版本。

有時統計數字不太符合常規也可以深入挖掘。例如通常平均頁面訪問數、網站停留時間、彈出率都是成比例的，但如果網站改版後發現平均頁面訪問數顯著提高，但停留時間卻變化很小，很可能說明網站新導航系統有一定缺陷，用戶需要點擊更多鏈結才能看到相同數量的內容。

4.關注於轉化及最終效果

商業網站都是以最終效果為目的。無論有多少流量，無論用戶在網站上停留多長時間，如果最終沒有轉化成付費用戶，那都毫無意義。

分析都是爲了達成最後的轉化，行銷人員必須要定義一個可以量化的，並且流量分析軟體可以跟蹤的網站目標，時刻關注轉化率的變化。

不同關鍵詞流量的轉化率相差十萬八千里。知道了什麼關鍵詞在網站上最容易轉化，在網站內容規劃和擴充，SEO 的目標關鍵詞、競價排名等網路行銷活動中就有了更明確的方向。

通常，網站轉化率與流量的彈出率、平均頁面訪問數等指標是一致的。對某種流量來源來說，彈出率越低，平均頁面訪問數越高，說明用戶對網站越感興趣，轉化率也越高。

要說明的是，那個流量來源更相關、品質更高，是針對特定網站的。

5.重要的是相對值及變化

在大部份情況下，流量的絕對數字意義並不大。網路行銷人員應該更關注流量，以及其他指標的變化趨勢。

一個新聞門戶網站和一個供應工業機械的工廠網站，從流量上完全沒有可比性。一個論壇與一個普通的電子商務網站，在網站黏度上也沒有可比性。但是任何一個網站流量指標隨時間變化的趨勢都是最重要的。

一個電子商務網站流量絕對數不可能與新聞門戶網站相提並論。但是電子商務網站流量在過去 6 個月或一年時間內的變化趨勢，卻能更好地說明網路行銷人員是否把時間和精力花在了正確的方向？是否應該對行銷戰略做出調整？網站的前途如何？關注網站流量指標相對值及隨時間變化趨勢的另一個含義是，不同的流量分析軟體給出的絕對數字很可能是不同的。就

算是同一個網站的同一段時間，分析的也是同樣的原始網站日誌文件，不同的分析軟體卻很可能給出不同的數字，如訪問數、彈出率等。這是因爲不同的軟體，對於這些指標的定義不同，計算方法不同。

心得欄 _

_ _

_ _

_ _

_ _

36

打動第一次光顧的顧客

　　網店的經營中，什麼環節最重要？不是商品，是顧客。顧客是賣家收入的源頭。如果不能贏得顧客的心，網店的經營前景就很不樂觀了。但是無論那個網店都不可能打動所有的顧客，實際上，只要能打動 80%的顧客，就已經是了不起的成就。

　　論在網路上還是在現實中，第一印象都是十分重要的。所以，打動第一次光顧的顧客，要比打動一個老顧客少花費很多精力。下面就是一些簡單的訣竅，可以幫助你輕鬆打動光顧你店鋪的顧客。

1.精美的首頁

　　愛美之心人皆有之，無論在什麼時候，美總能打動人。網店主頁，必須精美，同時，也要滿足功能要求。你必須清楚地告訴流覽者：網店是幹什麼的，例如設置「關於我們」，網店的主要經營特色，網店經營的商品種類，如果想購買商品具體的聯繫方式等等。完整的信息是留住網民的第一步。

　　如果信息不全，網民由於得不到所想要的信息，就很可能轉移到其他的網店或者是網站。信息技術的發展，網店數量繁多，爲網民提供了更多選擇機會，而且現代生活的快節奏也使

網民很少有耐心去探索未知的東西。

另外，別忘了把你最能打動人的東西放置顯眼的位置。

2.注意圖片的大小

看過不少精美的網頁，打開的時候卻需要好長時間，原因就是圖片太大了。主人可能為了獲得最完美的效果，卻忘記了大部份人並沒有那麼多的耐心。除非你的網站全是漂亮的美眉寫真，否則沒人會為了看張圖片而等待兩分鐘的寶貴上網時間。

3.網頁字體以清晰為主要原則

Internet 上，文字傳播了大量的信息。認真處理網頁上文字內容與表現方式，是顯現網頁製作水準的第一步。使用的字體要乾淨、易於辨認，稀奇古怪或龍飛鳳舞的字體如果長篇納入，反而不利讀者閱讀。

網店的字體最好是使用通用字體，如果你的網頁使用的不是多數網民的電腦上都安裝的通用字體，比如宋體、楷體、黑體等，在網民的流覽器上的字體就不會按照你設計的字體顯示。所以，最好使用通用標準字體。如果一定要用藝術字的話，可以把他們做成圖，這樣用戶機器上的字體才會與你設計的一致。另外，使用的字體大小要適中，字體太小，閱讀吃力；字體太大，字距太長，打破了一個字原有的整體感，也不利閱讀。

4.適當的解析度

這是網頁製作中關鍵的一環。網頁到底應該做成多大尺寸呢？目前大部份網民的解析度是 800×600，但是也有少數人使用 640×480 的顯示器和 1024×768 的顯示器。

所以，在設計頁面之前應該在不同的尺寸下進行頁面的測

試。可以考慮做成 800×600 的尺寸，這樣只有少數人要拉動捲軸才能流覽網頁全貌，同時使用 1024×768 以下顯示器的人也適用。如果網店的頁面數量很少，爲了更好滿足網民的需求，提高流覽量，可以設計出不同解析度的網頁。

5.長短適中的網頁長度

目前，製作網頁使用最多的解析度方式爲 800×600，所以以 2～3 個視窗螢幕頁爲佳。網頁過長，就延長了流覽器下載網頁的時間，也就增加了被流覽者放棄的機會。如果一個文件過長，就應該分割爲若干個較短的網頁，在每個網頁中表明網頁的導航，例如「第一頁」、「第二頁」等。

6.清楚的聯繫方法

如果顧客有購買的意向，但是直到把網站翻個底朝天才找到聯繫方式的話，顧客可能早已失去了購買的慾望和耐心。所以，建議網店的店主把聯繫方式放在每一頁的下端。還有一點就是，不要讓願意與網店聯繫的用戶塡寫繁雜的表格。只要點擊店主的 E-mail 地址就 OK，這樣最好。最好也把店主的聯繫電話寫在上面，因爲有的網民性子急，等不得上網收 mail，就是想找店主聯繫。

7.設立郵件列表

這是建立一個網站重要的條件之一，一定要切記。即使網店沒有每天都向用戶發送新聞，但是也可以充分利用郵件列表的功能向用戶傳送各種信息。例如：新產品的推出、網站重大更新等等。使用郵件列表可以拉近網站與用戶之間的距離。只要他註冊爲用戶，一切盡在掌握。但是，也要把握好度，以免

被別人視爲垃圾郵件。

　　以上的一些原則，雖然看起來十分簡單，但確實足爲顧客考慮的，這種小事雖然不起眼，你做了顧客未必會注意到，但是如果你沒有做，顧客肯定能夠感受到。

心得欄

37

用包裝細節打動顧客

　　商品的包裝看起來是件小事情，實際上卻十分重要。精美的包裝，不但會提升商品的品位，同時也有利於做好顧客關係。

　　包裝有二大作用，那就是保護商品、方便物流、促進銷售方便消費的功能。

　　包裝的首要功能是保護商品。只有有效的保護，才能使商品不受損失地完成流通過程，實現所有權的轉移。在實際流通過程中，由於包裝的不合格，未能有效地保護商品，導致商品破損變形、發生化學變化的事例屢有發生，如電腦主機運到時凹凸不顯示，顯示器螢幕破碎，書籍受潮等，而一旦發生以上情況，商品雖然也從生產者轉到消費者手中，卻不能完全實現甚至根本無法實現其所有權的轉移，因為商品已部份降低或完全喪失了其使用價值。包裝在保護商品自身的同時，也相應保護運輸工具或同一運輸工具上的其他商品。如油漆等物質商品包裝不當而污染了車廂及其他物品，鮮活畜類包裝不當糞便污染了飛機等案例也時有發生。

　　其次，包裝有將商品以某種單位集中的功能，即單元化功能。將商品包裝成大小不同的單位，用以方便物流和方便商品

交易。

　　除上述幾點以外，包裝還有方便消費，促進銷售，防止丟失、散失、盜失等功能。綜上所述，包裝與生產及網上物流都有密切的聯繫。因此，包裝必須合理化。從現代物流觀點看，包裝合理化不單是包裝本身合理與否的問題，而是整個物流合理化前提下的包裝合理化。

　　包裝使產品具有一定形態。很多情況下，沒有形態的產品是很難陳列或者展示的，如飲料、捲煙等產品，沒有包裝的陳列成本大且不說，也達不到預期效果；

　　包裝對產品品質有一定保護作用。如香瓜子的包裝有不透氣腹膜，這樣的獨特銷售主張才得以保全，否則「香味」都變了，消費者拿什麼鍾愛你？

　　包裝可以使產品區別於競爭對手。以薯片為例，「品客」的薯片由於採用紙桶包裝，便很容易與其他塑膠袋包裝的薯片產生差異，易於消費者產生識別；

　　包裝要兼具消費說明作用。很多產品具有的特殊賣點決定了它的消費方式不盡相同，此時包裝設計上就必須要有足夠的信息讓消費者認知其特殊性，否則就會造成產品信息溝通不暢；

　　包裝使產品具有了便攜性。以飲料為例，從散裝到玻璃器皿裝，一直發展到如今的 PTT 瓶，更主要是考慮了消費的「移動性」。另外瓶裝飲料和紙包飲料之所以在容量上產生差異，也主要是考慮到了消費者的移動性。對比一下你週圍的產品包裝，不難發現這樣一個事實：很多快速消費品的包裝設計基本上只體現了包裝的一到兩點作用，根本不存在打動消費者的可

能性。

　　包裝實際上也是對顧客的一種愛心。真正的好包裝是蘊涵感情訴求於其中的,沒有了情感訴求的商品銷售是很低級的「叫賣」,打動消費者是無稽之談。市面上有個牌子的巧克力,其設計總是可以打動人,火紅的玫瑰讓你送給最愛的人,白雪配合房子造型讓你送給你最眷念的家人。

　　包裝是從細節上滿足顧客的一些需求。一款打動消費者的包裝更應該反映廠家對消費者所關注的細節的注意。有個小傢伙果奶,它推出了一種旋轉蓋成功的解決了使用吸管飲用果奶時的二次污染問題。兒童是個備受重視的群體,而兒童又是最「馬虎」的消費者,用髒手拿吸管去飲用果奶產品似乎是司空見慣的事,而小傢伙的旋轉蓋包裝通過旋轉打開封口後就可飲用,杜絕了使用吸管的二次污染,同時也使得飲用果奶更加方便。這個細節為小傢伙公司賺取了豐厚利潤。

　　在超市購物時,有個現象是值得關注的,一家產品的外包裝棱角分明,另一些包裝則四角圓潤,圓角的賣得總是要比直角的快一點,為什麼呢?你有否被直角包裝劃傷過皮膚,如果有的話,該明白為什麼圓角的要比直角的暢銷了吧。

38

用真誠打動你的顧客

　　網上開店顧客與店主直接進行面對面的交流機會比較少，但是並不是說完全沒有交流的機會。如何抓住有限的交流機會來打動顧客，也是一項重要的內容。

　　只要是誠心的站在顧客的角度，為顧客著想，並利用語言技巧，就可以打動顧客。這種技巧也可以在顧客與店主在網上進行交流的時候運用。一般而言，當你費盡口舌詳細推介了自己的網店的商品之後，顧客對此卻無動於衷，並用一些模棱兩可的話打發你，而且大部份情況下這種推介是在網上通過即時交流平臺進行的，而不是面對面的直接交流。

　　如果遇到這種情形，不妨採取換位思考的方法，來思考顧客到底需要什麼，而你的網店又能給顧客提供什麼樣的服務。

　　其次，要注意建立良好的口碑。在網路開店，口碑的作用是十分明顯的。口碑好的網店，會有巨大的感召力。

　　要創造良好的口碑，讓人們想起並記住你，並且願意在某些場合自動推薦你，除了你要給消費者留下愉快的消費經歷之外，還要真正地打動了顧客，要在消費者中埋下口碑的種子，要讓人們主動去和別人交流，並推薦你，這些依賴於網店在經

營中提供給消費者的增值服務，甚至是一些附加的東西。

　　以下的一些方式雖然簡單，而且看起來比較勢利，實際上卻屢試不爽，總能打動顧客的心。

1.贈送小禮品

　　人們在網上購買你的商品如果獲得意外收穫，就會非常愉悅，並會向別人展示自己的物有所值。因此，和你的商品相關的副產品或者是印有網店標誌的小商品，甚至一些消費者喜歡的小禮品，比如鑰匙扣、掛曆、電話卡等都是非常好的打動顧客的工具。

2.贈送精美聯繫卡

　　不論消費者對你的東西有沒有興趣，他們都會願意收藏一些看起來精美的東西，因此印有你的網店位址或者商品介紹的精美卡片對於他們來說會是日後回憶的道具。如果有人購買了你的商品，你不要吝惜送他們兩份這樣的禮物，因為消費者通常給別人介紹的時候，也希望能夠給別人送一個可以證明你的東西，你多給他們一個，他們就無償成為了你的推銷員，特別在消費者主動要的時候你更要毫不猶豫地給他們，因為他們多要這些帶有你們信息的東西常常都是因為喜歡，因為他們要去和別人炫耀。

3.定期酬賓活動

　　每一年你都要有一些時期進行促銷，或者酬賓活動。比如在節假日或者在你的網店的年度店慶，這些活動能夠讓消費者感覺到你在關注他們，他們常常會因為這樣的日子前來消費，甚至會成群結隊的來支援你。但是注意不能天天都這樣，也不

能名不副實，一定要讓酬賓成爲消費者真正收到實惠的活動。

4.給顧客打折卡、貴賓卡

每個消費者都希望自己能夠成爲網店的貴賓，比如在網上購物特別是購買價格比較高的商品時，由於不能看到商品的實物，只能看到商品照片，消費者都希望自己能夠得到真正關於商品的信息，並且擁有相對於其他低價格商品購買者更加優先，更加週到的服務，希望下次再來的時候你能記住他並給他一些優惠。因此，對於網店經營者來說，給顧客打折卡、貴賓卡，給消費者提供他們喜歡的特別服務，會讓網店的商品或者服務細水長流。

5.關注顧客的看法

當顧客對你提出建議的時候，不要告訴他們這些都辦不到，你要將他們的意見收集起來，或者在適當的時候告訴顧客你們採取了什麼措施，消費者都希望他們的意見能夠給網店以指導，特別是自己喜歡的或者是有特色的網店。如果不能正確對待這些意見，會大大打擊消費者的積極性，必要時，甚至可以發表他們的意見，讓他們感到自己被重視。他們一定會爲你的這些做法而去宣講他們給你們提供意見的故事，從而吸引更多的人前來光顧。

39

建立完整的售後服務體系

任何好商品總會出問題，精明的商人會利用售後服務來拉近與顧客的關係。所以，售後服務最需要的就是要有一個完整的體系，反應要迅速，不能推諉責任，甚至與顧客對著幹。

對於所有的商業店鋪來說，客戶服務是一個十分重要的環節。客戶服務並不僅僅是做好網站、上傳商品照片以及留下聯繫方式、服務電話就可以解決的。

網店是虛擬店鋪，所以在客戶服務方面應該更完善。尤其是在售後服務這一方面，賣家應該做得更完善，才能讓買家覺得放心。

以下是網店售後服務必須要建立的細節，有了這些服務，你的網店會給顧客更貼心的感覺。

1.整理常見問題 ABC

客戶服務的目標就是要讓顧客用最短的時間做完必須要做的事情，解決遇到的問題。實際上，很多客戶遇到的問題都十分簡單，這些問題，如果──讓客戶服務人員回答的話，賣家自己忙碌不說，顧客也會等待比較長的時間。

所以，整理出常見問題 ABC 這樣的條目，放到比較顯眼的

位置，顧客可以自己解決很多問題，節省了雙方的時間，顧客
也會覺得滿意。

2.提供產品的完整信息

不少賣家因為自己對某種產品過於熟悉，在製作產品簡介
的時候，往往會忽略許多他們自己認為的沒有意義的東西。而
顧客對於這些東西卻一點都不瞭解。所以網店對於產品的信
息，要盡可能的詳細、完整。

這也包括售後問題的處理辦法等等，不但完整，還要便於
顧客理解和操作。

3.建立站內查詢系統

當你的網店發展到一定規模的時候，你的店鋪必然會有很
多商品。誠然，顧客在尋找商品的時候，可以一頁頁去查詢，
但是如果能夠建立一個站內查詢系統，就可以為顧客節省很多
時間。

從技術角度考慮，這樣的查詢系統十分簡單，並不用花費
多少金錢和時間，卻可起到很大的效果。

4.留下回饋電話以及 E-mail

一定要留一個專門處理售後問題的電話或者 E-mail，這樣
你就可以專門處理遇到的問題，而顧客也會覺得你們的考量十
分細緻。

5.問題解決以後一定要通告

解決任何問題以後，一定要通告；如果覺得有不方便的地
方，可以發信給遇到問題的客戶，表示道歉。

40

快速回覆──售後服務的精髓

　　顧客最擔心的事情是店家的欺詐，針對這種心理，網店的售後服務一定要迅速。因爲網店與實體店不同，後者在面對面的交易中，可以把很多問題講述明白，即使遇到了問題，顧客也可以到店面來詢問。網店則不同，顧客遇到問題之後，只能通過電話、郵件來查詢，如果數天之內都沒有答覆，顧客很有可能會覺得遇到了黑心的店家。

　　所以對於顧客的問題，一定要迅速答覆。尤其是，很多人對迅速的理解完全不同。有的店家認爲，7 天之內答覆就算是快速了，但是在顧客心裏，半天沒有反應，就會懷疑到店家的誠信。

　　對於這個問題，賣家一定要明確說明自己處理的時間。如果你每天都有大量的時間用於網路，也最好固定幾個時間段來查詢和回覆這樣的問題；而且你應該明確告訴所有的顧客，你會在某段時間來處理問題，如果遇到問題，你會在多長時間之內給出答覆。

　　如果顧客的問題你自己處理不了，也應該先告訴顧客你注意到他的問題了，正在協商、處理之中，會在多長時間之內給

對方答覆。一般而言，顧客並不是要你把所有問題都解決，而是希望自己的問題得到重視，這不單是服務問題，也關係到顧客的自尊心。

如果你沒有很長時間用於網路，那麼你應該在服務條款中，明確說明，對於顧客提出的問題，你需要多長時間來處理。

另外，賣家不要因為顧客問題多而感到厭煩。實際上，顧客能夠不斷詢問，正說明他對商品感興趣，即使真的是購買的貨物有問題，只要他能夠在你這裏得到完善的售後服務，以後有了需求，他還會習慣性地到你這裏來。

心得欄

- -

- -

- -

- -

- -

- -

41

有明確的服務規則

　　網店經營最大的特點就是迅速。只要顧客對商品感興趣，都只是看看款式、大小就可以確定是否要購買，不會耗費太多的時間。一些交易中的糾紛，往往來自於對服務規則的不同解釋。最經常的問題就是關於退貨。

　　網上開店由於顧客不能親眼見到商品實體，因此出現對商品不滿意而提出退貨或者是換貨的可能性本來就很大。這種時候，作爲賣家就更應該明確退貨的規則。切記，一定要明確，不能有模棱兩可的地方。

　　對於退貨，不但要兼顧雙方的利益和責任，還要講究專業和方法。不是顧客要退什麼就給退什麼，要換什麼就換什麼，儘管顧客是上帝，要尊重顧客的意願，但是也不排除部份顧客出於非正當的考慮而提出退貨的可能性。根據實際的退貨情況，必須退貨者一定要退，是必須換的，一定要換，不該退的就不要退或少退，不用換的就不要換。

　　要解決好退貨糾紛，最好是在服務條款中做出明確的限制，比如時間、數量、品種等方面的限制。

　　對顧客在不同時間段的退貨行爲，按照時間段進行區別對

待的管理措施。一般分爲安全期和非安全期。如新顧客購買後
6 個月內可無條件退換，之後退貨則按事先約定的規則進行適
當打折。這樣的規則比較常用，效果也不錯。

　　無論你在何種時期，何種情況下進行政策制定，一定要講
究方法，講究策略，符合自己的實際情況！既要達成調整目標，
又不要影響網店的持續經營。

42

面對顧客投訴的處理流程

　　當你的網店規模比較大了之後，交易肯定會增多，顧客的
投訴必然也會增加。所以有必要做一個連貫的處理投訴流程，
不但便於員工處理投訴事件，也便於你的管理。對於那些只有
自己經營的賣家來說，瞭解這樣的一個流程也是很有幫助的。

1.傾聽顧客的發洩

　　顧客投訴的時候，肯定會有很多怨氣，這時候千萬不要爭
辯，即使你是對的，顧客被你反駁得無話可說，他心裏的怨氣
卻沒有發洩出來。你最好的選擇就是傾聽。客戶發洩之後，他
就沒有憤怒了。你只要閉門不言、仔細聆聽。當然，不要讓客
戶覺得你在敷衍他。要保持情感上的交流。認真聽取顧客的話，
把顧客遇到的問題判斷清楚。

2.迅速回覆，並表達歉意

即使你沒有做錯，或者所有的事件只是一個誤會，你也不妨禮貌地道歉，要知道道歉並不意味著你做錯了什麼。顧客的對錯並不重要，重要的是你向顧客表達了你的心態：注意他們的需求，並且會為他們解決問題。尤其在網店經營中，很多時候你並不需要面對顧客，甚至連電話都不用接，只是在網路上表達一下，但是效果卻是顯著的。

3.收集事故信息

為了妥善解決問題，並且發現問題出在那裏，你需要細緻地收集問題。相信這時候顧客也會十分配合你。當然你應該把你所做事情的原因告訴顧客。顧客有時候會省略一些重要的信息，因為他們以為這並不重要，或著恰恰忘了告訴你。當然，也有的顧客自己知道自己也有錯而刻意隱瞞的。你的任務是：瞭解當時的實際情況。

4.正確處理網上開店獲得的差評

網店經營中，難免碰到一些急躁的顧客，在你還沒有做出反應之前，甚至在你還沒有看到他的投訴之前，他就給了你一個差評。作為賣家，莫名其妙得到這樣的評價，扣分不說，還會覺得冤屈。要知道在網上，如果得到過多的差評無疑會影響你以後的網上經營，使許多買家對你望而卻步。

實際上這樣的事情，也看你如何對待，「每個人都有自己的性格，有挑剔的買家，也有豪爽的買家，如果碰到了挑剔的買家，不要說自己倒楣，因為你可以從與他(她)打交道中學到很多東西。覺得這個差評，首先在邏輯上並非一定是惡意的。因

爲這個差評的主要內容還是在交易時間上。每個買家對交易的速度要求不一樣，可能這位客戶就是一位在這方面非常挑剔的人。但是他是買家。就是上帝。付了錢，他就有權利對這個服務做出自己的價值判斷(只要不是極其無理和不客觀的)。所以不必拘泥在這個評價上。

5.提出完善的解決辦法

顧客的所有投訴、抱怨，歸根到底，是要求解決問題，或者得到某種補償。另外，即使問題解決之後，爲了拉攏人氣，你也應該送一些對雙方都有好處的東西。比如現在很多飯店送的優惠券，這種方法，看起來顧客是佔了便宜，但是顧客想要優惠，還必須再來你的店裏消費，實際上是一個雙贏的事情。

除此之外，也可以送一個電子賀卡，或者打折卡。這樣，你自己不用花費任何金錢，卻能夠多交一個朋友，同時也讓售後服務更加完善。

6.跟蹤服務

處理完投訴並不是萬事大吉了。在網路商務時代，追蹤服務根本不用花費什麼金錢。給顧客發送郵件，表達問候，同時，還可以發送網店新貨物的廣告。

43

建立多種溝通管道

網店雖然不能面對面與顧客進行溝通，但是利用現有的網路聯繫方式，反而能夠讓賣家與顧客的溝通更加豐富多彩，真正體現網店買賣的互動。

很多網店賣家只是建立了一個網店，把商品照片上傳之後，就消極等待，沒有積極設想如何與顧客進行有效的溝通與交流，所以就不太瞭解顧客的真實需求，這對於網店的經營會產生消極的影響。

事實上，網店經營比實體店有更多的交流方式，交流的時間持續的更長，更容易從顧客那裏瞭解到內心的真正想法。

在開辦網店之初，賣家就應該在自己的網店上留下多種聯繫方式，比如論壇地址，MSN 位址，另外，更需要留下自己的電話，讓顧客可以隨時找到自己。

1.製作一個留言簿

直接在網店上設置一個留言簿，是最直接的溝通方式，如果別人對網店有意見或者是建議，可以直接留下信息。如果一個站點，站點上的留言簿每天都有很多人留言提意見，而且店長也認真地在那裏回答網友問題的話，店長就能和訪問者進行

充分的交流，瞭解網民和潛在購買者的需求，這樣就可以有針對性地放上網民需要的信息，網店的人氣就旺。

2.直接在網店上溝通

賣家大多有大量的時間管理自己的網站，每一個商品下面都會有評論。不少顧客會直接在上面留言，或者詢問，或者發表一些看法。作為賣家，如果有時間，最好迅速做出答覆。對於顧客來說，自己的意見馬上就能得到答覆，自然會感覺自己受到了重視。經過這樣的交流，也會拉近賣家與買家之間的關係。這樣，不但進行商品買賣，同時也多交了一個朋友，何樂而不為呢？

3.利用論壇群進行有效的溝通

QQ、MSN 是國內目前使用最廣泛的聊天工具，很多上網的年輕人都擁有。QQ、MSN 上面可以留言，還可以組成顧客群。在群裏說話，可以讓參加群的所有人同時看到。這樣不但是一個很好的宣傳手段，也是一個很好的溝通管道。對於顧客而言，參加你的 QQ、MSN 群，不但可以瞭解到最新的商品信息，還可以接觸更多的購買同類產品的朋友。

4.利用論壇進行熱點事件溝通

論壇也是進行產品宣傳的好陣地，在碰到熱點問題的時候，還可以在論壇上講述出來，讓大家評論，一方面可以與顧客有效溝通，也讓你的網店具有更大的知名度。

總之，作為網店經營者，瞭解的訪問者信息越多，就越有利於網店的發展。我們在網上開店，把網民和潛在需求者需要的商品賣給網民，他們就是我們的客戶，如果他們也不滿意我

們的產品，他們就不會購買，也不可能經常訪問我們的網店，產品就會賣不出去。這樣就會形成一個惡性循環，不利於網店的發展。溝通管道的建立有利於形成一個良好的雙向溝通的氣氛，促進網店的發展。

心得欄

44

網上與顧客溝通的六大原則

網店經營中，賣家與顧客雖然不會直接面對面，但是與顧客打交道的時候，卻必須更加注意技巧，否則，顧客流失的速度就會比實體店經營要快得多，顧客會馬上關掉頁面，離開你的網店。

實體店面和現實生活中的經營活動比較有效的處理顧客關係的基本方式，也可以作為網上開店這種虛擬經營模式的一種借鑑。

1.預先考慮顧客需求

每位顧客的需求特點雖然不一樣，但作為顧客都有一個共同的購物心理，有共同的規律可循。抓住了這一點，就可預先考慮顧客需要什麼。

在網店經營中，這些都必須在設置網店的時候考慮到，從商品照片的拍攝、商品說明，以及信息回饋等各個方面為顧客考慮週詳。必須保證，快速的回覆顧客提出的問題。這樣就要求賣家要經常到網店來維護，如果真的有事情，難以經常上網查看，也應該留下別的聯繫方式以及相關說明，以免讓顧客感到受到冷落。

為顧客服務不僅要為顧客解決問題，而且要給顧客快樂的心情，帶給顧客美妙的感覺，使顧客的購買活動變成一個享受快樂的過程。

2.對顧客的差評要接受

網店經營最具特色的一個環節就是顧客可以為賣家打分，交易完成之後，買家可以對賣家打分，如果顧客感覺對方的服務不好，或者溝通不順暢，就會給賣家打一個差評，賣家店鋪的總積分就會被扣去一分。

賣家沒有不注重自己的積分的，因為積分高了才能讓店鋪的等級上升，這樣就可以招來更多的顧客。如果一旦被顧客打了差評，首先要客觀回答顧客的批評。如果確實是自己做得不夠好，一定要虛心接受，然後改正自己服務中的缺陷。只有這樣，網店的服務才會更好。顧客也會覺得你經營有方，對他有足夠的重視。

3.為顧客著想

現在是一個快節奏、高效率的時代，時間很寶貴。因此，我們在為顧客服務的時候，首先要考慮如何節省顧客的時間，為顧客提供便利快捷的服務。所以，設身處地為顧客著想，以顧客的觀點來看待商品的陳列、商品採購、商品種類、各項服務等，才會讓顧客感到方便滿意。

事實上，許多人在服務時，並不瞭解顧客的需要和期望，不瞭解顧客迫切需要的是什麼樣的服務，所以結果往往不理想。

4.顧客的期望和需求

顧客在購買了商品後，滿足了其購買需求一方面；另一方

面，如果顧客在購買的過程當中，遇到了其他意外的問題，這時如果能為顧客提供額外的服務，顧客的心理感受就會更強，這種免費的服務不但增進了店主和顧客之間的關係，更是一種樹立網店形象和品牌的良好方式，這對於不能提供實體店面直接服務的網上店面來說顯得尤為重要。

5.滿足顧客的尊容感和自我價值感

要贏得顧客滿意，不僅是被動式的解決顧客的問題，更要對顧客需要、期望和態度有充分的瞭解，把對顧客的關懷納入到自己的工作和生活中，發揮主動性，提供量身定做的服務，真正滿足顧客的尊容感和自我價值感，不只要讓顧客滿意，還要讓顧客超乎預期的滿意。

6.尊重顧客

得到別人的尊重在人的需求塔級中具有較高層次，顧客的購買過程是一個在消費過程中尋求尊重的過程。顧客對於網上購物活動的參與程度和積極性，很大程度上在於店主對顧客的尊重程度。店主銷售的一切活動都應體現其對顧客的有形或無形的尊重。只有動機出於對顧客的信任與尊重、永遠真誠地視顧客為朋友、給顧客以「可靠的關懷」和「貼心的幫助」才是面對顧客的唯一正確的心態，才能贏得顧客。

45

讓顧客感覺受到重視

　　網路上顧客可選擇的店鋪太多了，如果想挽留住顧客的話，一定要讓顧客覺得你對他有足夠的重視。要實現這一點，首先要熱情；熱情不但要表現在店鋪上，店鋪下的服務也一樣。

　　眾所週知，顧客在網上購買稍大金額的產品時，會自然的拿起電話，首先諮詢一下產品的詳細性能規格（也可能會講價哦），會諮詢一下送貨服務和售後服務，這時，如果他們聽到一個懶洋洋甚至冰冷的聲音，或者聽到不耐煩的、不懂業務的胡扯，那結果可想而知。這是很簡單的道理，但是仍有人做不到。

　　對顧客的重視，還應該體現在具體的服務上，最重要的一點就是一定要快速處理顧客的訂單。

　　快速的處理訂單別讓顧客的訂單狀態停留在未處理狀態，這只會花你 10 幾分鐘，但是卻會讓顧客感覺到你服務的迅速。同時更要注意交待配送人員送貨時的禮節問題，注意先檢查產品的品質問題，千萬別以次充好，你隨時提醒自己的「誠信」交易！

　　另外，顧客可能對你的產品寫了評論，無論是好的還是不好的（除非惡意的），請及時回覆，讓顧客知道，你做生意，很

注重信譽，很注重效率，這樣才是生財之道。知道恒利數碼網上商店為何每月 7 萬的銷售嗎？因為他的口碑和熱心的服務，老顧客會給你帶來很多新的顧客，請理解這些基本商業準則，對你的事業發展會有好處。

網店經營是互動的，與顧客交流，可以體現在交易的全部過程，即使交易已經完成，售後服務也是一個不容忽視的環節。要知道，每個人都是消費者，在銷售自己商品的同時，想像一下自己消費時的情況，誰都想放心快樂的購物，這就要求賣家要熱忱週到而且真誠的服務。在自己的售後服務條款裏面註明自己的這些服務，珍惜顧客對你的光顧和青睞。

要做到主動而針對性的服務。服務，並不等於會處理投訴，那只是服務的一小部份。主動的、定期給自己的客戶發送E-mail，讓他們感受到你對他們的重視，感受到他購買你的產品後所得到的價值，這些花費不了你多少時間，卻會給你很大的回報的。

與顧客交流一定要注意顧客的滿意度和忠誠度。而顧客滿意度是與店主的滿意度直接相互作用的，雙方都滿意就證明了服務的成功，為下一次再次為顧客服務奠定了良好的心理基礎。

46

做好前期準備工作

對於網上開店的經營者來說，人氣就意味著流覽量，就意味著潛在的購買需求。網上經營如果沒有人氣，門可羅雀，這個網店的經營很可能就是失敗的。作為網店的經營者可以主動採取一些有效的措施來提升網店的人氣，增強網店的吸引力。

提高網店的人氣需要從網店建立之初就開始考慮，包括網上交易平臺的選擇，網店的具體經營等等。掌握了最基本的措施，再結合自身的網店特點進行具體操作，關鍵是方式的創新。

1.選擇人氣高的網上交易平臺

大部份網上開店的店家都依託網上商店平臺(網上商城)的基本功能和服務，顧客主要也來自於該網上商城的訪問者，因此，平臺的選擇非常重要，但網店經營者在選擇網上交易平臺時往往存在一定的決策風險。尤其是初次在網上開店，由於經驗不足以及對網店平臺瞭解比較少，各種信息掌握的不夠全面等原因而帶有很大的盲目性。

如果想提高人氣，就要選擇人氣最高的網路平臺。人氣高，各種配套設施也比較成熟。

2.選擇好的電子商務書籍

國內電子商務平臺雖然在近幾年的得到了快速的發展，網站的建設也在不斷加速，但是一個普遍存在的問題是，對建立和經營網店的說明不足，尤其是建店前應準備那些資料、對這些資料的格式和標準有什麼要求等比較欠缺，用戶不得不自己反覆摸索，甚至不得不放棄。

因此，即使具有很完善的功能，對於不瞭解這個系統特點的用戶來說，網店建設仍然是複雜的，網店經營者不得不去自己摸索和向他人尋求幫助。所以，選擇好的電子商務書籍是一個十分重要的事情。

3.選擇高人氣商品

無論如何，網店與實體店一樣，最重要的一個環節就是商品，只要你有了自己獨特的商品，肯定能夠吸引足夠多的人氣。

依託電子商務平臺建立的網店數量眾多，特別是在幾個大型的電子商務交易平臺上，各種各樣的網店會不計其數，一個網上專賣店只是其中很小的組成部份，如果沒有自己特別的商品，如何能讓顧客把你挑選出來呢？在開辦網店之前，如果能考慮引進一些獨特的商品，無疑對提高人氣具有很大的作用。

47

用促銷手段來提高人氣

因為電子商務平臺本身往往沒有或者很少做廣告。想要吸引人氣，必須網店店主自己想辦法。比如，為網上商店申請一個獨立域名、將網上商店登記在搜索引擎、或者在其他網站進行介紹，甚至投放一定的網路廣告等。但是這樣的推廣也存在一定的風險，即使經營者自己通過一定的推廣手段獲得一些潛在用戶訪問，這些用戶來到網上商店之後也有被其他商品吸引的可能。有可能是一人栽樹眾人乘涼，存在免費搭車現象。

最好還是並用各種促銷方法。比較常見的方法有以下幾點：

1.折價促銷

折價亦稱打折、折扣，即在原價格基礎上的一種減價措施，這是目前網上最常用的一種促銷方式。由於網店發展還不是很完善，目前網民在網上購物的熱情遠低於商場超市等傳統購物場所，因此網上商品的價格一般都要比傳統方式銷售時低，以吸引人們購買。由於網店經營的虛擬性，網上銷售商品不能給人全面、直觀的印象、也不可試用、觸摸等原因，再加上配送成本和付款方式的複雜性，造成網上購物和訂貨的積極性下降。而幅度比較大的折扣可以抵消這種不足，促使消費者嘗試

網上購物。目前大部份網上銷售商品都有不同程度的價格折扣，無論知名與不知名的網店。

折價券是直接價格打折的一種變化形式，有些商品因在網上直接銷售有一定的困難，便結合傳統行銷方式。從網上下載並列印折價券或直接填寫優惠表單，到指定地點購買商品時可享受一定優惠。這種變相的折扣促銷由於不同於傳統的促銷方式而具有較大的吸引力和較好的促銷效果。

2.變相折價促銷

變相折價促銷是指在不提高或稍微增加價格的前提下，提高產品或服務的品質數量，較大幅度地增加產品或服務的附加值，讓消費者感到物有所值。由於「便宜無好貨」的心理影響，網上直接價格折扣容易造成消費者對商品品質的懷疑，反而降低購買的可能性，利用增加商品附加值的促銷方法會更容易獲得消費者的信任。附加值的增加是無形的，採用這種促銷方法必須要配以文字說明，增加顧客對這種價值增加的認同感。

3.贈品促銷

贈品給消費者物超所值的感覺：同樣的花費卻購買了更多的商品。這樣的心理需求導致贈品促銷這種方法是比較有效的。但同時，這對於網店經營者而言也會增加銷售成本。贈品促銷目前在網上的應用不算太多，一般情況下，在新產品推出試用、產品更新、對抗競爭品牌、開闢新市場情況下利用贈品促銷可以達到比較好的促銷效果。贈品促銷的優點在於可以提升品牌和網站的知名度；鼓勵人們經常訪問網站以便獲得更多的優惠信息；能根據消費者索取贈品的熱情程度而總結分析行

銷效果和產品本身的反應情況等。

贈品促銷時，對於贈品的選擇要注意如下幾個問題：

(1)不要選擇次品、劣質品作爲贈品，這樣做只會起到適得其反的作用。

(2)明確促銷目的,選擇適當的能吸引消費者的產品或服務。

(3)注意時間和時機，注意贈品的時間性，如冬季不能贈送只在夏季才能用的物品。

(4)注意預算和市場需求，贈品要在能接受的預算內，不可過度贈送贈品而造成行銷困境。

4.抽獎促銷

抽獎促銷在傳統的商場經營中比較常見，特別是在慶典或者是節假日時使用的比較多。這種傳統的促銷方式現在也是網上應用較廣泛的促銷形式之一，是大部份網站樂意採用的促銷方式。抽獎促銷是以一個人或數人獲得超出參加活動成本的獎品爲手段進行商品或服務的促銷，網上抽獎活動主要附加於調查、產品銷售、擴大用戶群、慶典、推廣某項活動等。消費者或訪問者通過填寫問卷、註冊、購買產品或參加網上活動等方式獲得抽獎機會。

網上抽獎促銷可以起到較好的促銷效果，但在採用這種方式時要注意如下的幾個問題：

(1)獎品要有誘惑力,可考慮大額超值的產品吸引人們參加。

(2)活動參加方式要簡單化，因爲目前上網費偏高，網路速度不夠快，以及流覽者興趣不同等原因，網上抽獎活動要策劃的有趣味性和容易參加。太過複雜和難度太大的活動較難吸引

匆匆的訪客。

(3)抽獎結果的公正公平性，由於網路的虛擬性和參加者的廣泛地域性，對抽獎結果的真實性要有一定的保證，應該及時請公證人員進行全程公證，並及時通過 E-mail、公告等形式向參加者通告活動進度和結果。

5.積分促銷

積分促銷主要是網店經營者通過制定網店購買規則的方法，規定顧客購買多少商品就可以拿到多少積分，當積分累積到一定的數量時就可以享受優惠或者參加活動等。通過這種方式來吸引更多顧客來購買網店的商品。積分促銷在網路上的應用比起傳統行銷方式要簡單和易操作。網上積分活動很容易通過編程和數據庫等實現，並且結果可信度高，操作起來相對簡便。積分促銷一般設置價值較高的獎品，消費者通過多次購買或多次參加某項活動來增加積分以獲得獎品。積分促銷可以增加上網者訪問網站和參加某項活動的次數；可以增加上網者對網站的忠誠度；可以提升活動的知名度等。

心得欄

48

六種提高流覽人數的方法

有了更多的人流覽就意味著擁有了更多的潛在購買者，增加了流覽量也就增加了網店發展的機會。如何提高流覽量更多的是從一種行銷的角度來確定措施的。從技術角度來出發，也能找到很多提高流覽量的手段。

1.登錄導航網站

登錄導航網站，實際上相當於在數量眾多的網店中為自己的小店定下一個座標，方便顧客的尋找，因此是一個提高流覽人數的好方法。對於一個流量不大，知名度不高的網店來說，導航網站能給你帶來的流量遠遠超過搜索引擎以及其他方法。網店經營者也可以自己搜索發現更好的導航網站。

2.友情鏈結

友情鏈結是一個雙贏的合作手段。友情鏈結不僅可以給一個網站帶來穩定的客流,而且有助於網站在 google 等搜索引擎中的排名。友情鏈結最好能連接到流量比自己高的，有知名度的網站，這樣自己的網站被搜索到的概率比較大；再次是與商品和內容互補的網站，由於商品和內容的互補性，被搜索的概率也是比較大。經營同類商品形成競爭關係的網店一般不予考

慮，一旦鏈結有可能是將自己的流覽量帶給了競爭對手。

3.口碑式行銷策略

讓網友幫自己宣傳，在網友中間形成一種自發的口頭宣傳，可以達到只要有相關的交流就有網站信息傳遞的效果，這樣傳播的效果，比廣告宣傳更有感染力。

這種宣傳手段，最好用在論壇，或者熟悉的網友身上，否則，相反會影響宣傳效果。

4.事件行銷

事件本身就是一種資源，眼球經濟下利用事件本身所帶來的巨大吸引力。合理利用媒體做事件行銷，活動宣傳，軟文造勢，吸引眼球，達到宣傳的效果。

最典型的宣傳方法，就是在論壇中開帖子，在吸引大家的同時，也介紹了自己的商品。

5.客戶關係管理

人是最好的資源，網站的最好的宣傳方式是口碑相傳，如何能夠讓網友和顧客幫助宣傳呢？最基本的是自身要做好 4 個字：商品＋服務。商品有特色，充分的滿足了顧客的需求，加上良好的服務，網店的美好印象就奠定了網友加顧客進行免費宣傳的基礎。

開發一個新會員比維護一個老會員的成本要大的多。只注意吸引新顧客而不注重老顧客的維護，不免得不償失，捨本逐末。客戶關係管理不僅只注重對於新顧客的吸納，同時也要注重對老顧客的穩定維護，不至於吸納一名新顧客的同時丟失了一名老顧客。

49

利用搜索引擎和廣告

網店不斷發展，當規模達到一定的程度時就可以考慮朝網站方向發展。提高網站流量,增加網站人氣可以採取的方法有:

1.利用搜索引擎

好的搜索引擎就意味著流量。google、yahoo、baidu 為網店帶來的流量是非常明顯的，最簡單的方法就是手工登陸。但是要想獲得好的排名，就要付一定的費用。收費方式包括:固定排名、競價排名等。

2.網路廣告投放

網路廣告的投放雖然需要一定的資金投入，但是給網站帶來的流量也是很客觀的，如何在最小的投入下獲得最佳的廣告效果，也有一些小技巧。

首先需要判斷廣告期望達到的目的，目前，許多個人站點雖然名氣不是很大，但是流量特別大，在他們上面做廣告，價格一般不貴。對電子商務網站而言，還可以採用按訂單成交金額向小網站支付傭金的方式，更能節省廣告費用。

對於一個商務網站，客流的品質和流量一樣重要。此類廣告投放要選擇的媒體非常有講究。首先，要瞭解自己的潛在客

戶是那類人群，他們有什麼習慣，然後尋找他們出沒頻率比較高的網站進行廣告投放。價格這時候可以居於次要的考慮地位，因爲高投入帶來的客戶品質高，帶來的收益也比較高，高收益能夠較容易的收回高投入。對於商業網站，高品質的客流很重要，廣告投放一定要有針對性。但也不能濫發垃圾郵件，否則效果適得其反，會引起網友反感。最好的方法是發給註冊用戶，可以讓客戶瞭解網站動態，持續關注網站，切記要在醒目位置放「退定」選項。

這兩種方法都需要花費一定資金，使用時一定要注意，合理分配資金，這樣才能確保自己的利潤。

50

用品牌吸引人氣

網店經營，因爲減少了店鋪租金等很多費用，商品的價格一般都能降下來。但是，最讓購買者難以放心的品質等問題卻難以解決。如何讓消費者放心，一直是一個大問題。

實際上，可以用代賣名牌商品這個方法來提高人氣，尤其是經過認證的品牌，或者明示你是獲得認可的代理商。

另外，真正的名牌產品無論從外形還是包裝上，都是難以假冒的，而代賣品牌商品，也會讓你自身獲得某種程度的認可。

在你的網店具有一定規模以後，也可以考慮推出自己的品牌。實際上，創立一個品牌很容易，只要你找到廠家，提出自己的要求以及設計理念，不需要自己的工廠，就可以擁有自己的品牌。這種方法，也是現在國際上大商家很常用的貼牌生產方式。

網店實際經營中，已經有不少朋友創立了自己命名的皮靴、網球拍、乒乓球拍等。

擁有了自己的品牌，一方面是自身有一定的實力；另一方面你自己也會珍惜自己的品牌，正是基於這樣的認識，消費者對於擁有自身品牌的網店，也會有更多的認可。獲得了認可，人氣也就慢慢上升了。

心得欄 ---------------------------

51

你真的會開店嗎？

隨著網路信息技術的不斷發展，網路購物已經成為眾多消費者常用的購物方式之一，而這個龐大的市場也吸引著為數眾多的投資者，雖然網上開店從各方面來看都比較簡單，而且門檻較低，只要擁有一定的自身優勢，賺錢似乎是易如反掌的事。那麼網上開店就真的如想像中的那麼簡單嗎？作為店主又應該如何判斷自己的網店是否真的賺錢呢？

一、你的網店盈利嗎？

自己的網店是否能盈利，對於許多投資者來說是最為關心的一點。有不少賣家認為網上開店成本低，賺錢肯定是輕而易舉的事情，但事實真的是如此嗎？特別是一些新手賣家，為了賺夠人氣和爭奪市場，把自己的產品價格壓得非常低。那麼，如此的經營方式真的有利潤可言嗎？對於自己所謂的「低成本」網店，又真的是在盈利嗎？

1.仔細計算自己的成本

雖然說網上開店的優勢較大，整體運營成本較低，但這並

不意味著完全沒有成本。因此，當賣家在注意自己產品價格的同時，也必須細心計算好日常經營中的每一分花費。

由於網上開店主要在網上進行經營，所以主要的操作平臺也就是電腦。因此，在計算運營成本時，電腦等設備的投入也必須計算在內。除此之外，電腦使用中所花費的電費和網路寬頻費用也必須計算在內。如果賣家常常使用電話與客戶聯繫，那麼所產生的電話費用也是網店的運營成本之一。

對於賣家來說，每一分花費都要精打細算才行。

一些賣家在平時的經營過程中往往將太多的精力放在商品價格和自己店鋪的市場競爭上，往往會忽視掉這些日常的開支，因此最後進行賬目結算時，自認為有比較可觀的利潤，實際並不如意，甚至會出現虧本的情況。

所以說在經營網店時，不能因為它不是實體店鋪而忽視一些經營時所產生的費用，網店的利潤也需要賣家自己精打細算才行。像電費、寬頻費和電話費等費用都是每月必須要支出的，因此在對產品進行定價之前，最好將這些費用大致地分配在每個產品上，這樣一來才能夠保證自己的商品能夠賣出合理的價格，進而保證擁有合適的利潤空間。

2.注意自己商品的定價

利潤對於投資者來說是非常重要的，那麼利潤又是從何而來呢？其實答案非常簡單，那就是商品所賣出的價格，這個價格減去商品自身的成本，所剩下的就是賣家所能得到的利潤。當然這個利潤並不是完全的純利潤，還要除去之前所介紹的電費和寬頻費等日常開支後，才是賣家實實在在所賺得的利潤。

　　由此可見，商品價格的定位可以說是非常關鍵的。但是在競爭異常激烈的網路平臺上，許多賣家爲了獲得更多消費者的關注，在商品的售價方面一低再低，有時已經接近商品的成本價格，甚至低於商品的成本價格，也就是人們常說的「賠本賺吆喝」，爲的是當賣家「攢夠」了足夠的人氣或者信譽度以後，再重新調整商品的價格。

　　這樣的做法也許在實體店鋪經營中具有一定效果，但對於網路平臺來說，賣家幾乎所有的交易記錄都能被查到。如果商品價格整體上調幅度較大，特別是在賺夠了信譽度以後再重新調整價格，就會讓消費者產生一種店大欺客的感覺，而且商品價格的不穩定也會讓消費者產生不信任感，這樣對於店鋪的長期發展是非常不利的。

　　因此，對自己商品的成本進行詳細計算，並且制定合理的商品價格，才能保證商品擁有較好的市場競爭力，並且利潤空間也不會被擠壓得過低。只有這樣，網店才能夠擁有良好的經營狀態。

3.制定完善的售後制度

　　在網店經營過程中，消費者對商店不滿意是常有的事。在這種情況下，一些賣家爲保證自己網店的信譽度和好評度，往往會爲消費者過多地提供額外服務，例如自己承擔退換貨物的往返運費，主動爲消費者免費維修商品等。

　　這樣造成商品在消費者和賣家之間來來回回，不但運費增加，而且對商品也會造成一定程度的損耗。

　　爲消費者提供額外服務雖然能夠贏得較好的口碑，但是運

費和維修等費用並不低，長此以往也將嚴重影響到網店的正常盈利，造成不必要的損失。

對消費者的權益保證必須要在一個合理的範圍之內。因此為了明確界定自己和消費者之間的權利和義務，賣家必須為自己的店鋪制定一套完善而合理的售後制度和體系，例如規定退換貨的詳細範圍：在何種情況下可退換商品；那些情況下又不能退換商品：在何種情況下退換商品的費用又該由誰承擔；在三包期內和三包期外的商品售後制度又是怎樣；等等。

制定完善而合理的售後制度和體系對於網店的發展是非常重要的。

這樣一來，不但能夠進一步完善自己的網店規範，而且還能夠合理地控制好賣家在商品售後上的支出，對於消費者來說購買到商品的售後服務也更有保障，可以說是一舉多得。

二、你想過自己的網店缺少什麼嗎？

在網上開店，對於任何人來說都不可能做到盡善盡美，即便是擁有豐富經驗的老賣家也難免存在不足之處。因此，在長期的經營過程中發現和改善店鋪的不足之處也是非常重要的。對於一名賣家來說，仔細思考自己店鋪的缺點和不足，並在最短的時間內進行修正和彌補，從而讓自己的店鋪始終保持在最為良好的運營狀態，才是維持網店長時間擁有活力的正確之道。

1.服務態度

服務態度對於任何第三產業來說都是其生存的根本，網上

開店同樣如此。雖然在虛擬的網路環境中進行交易，賣家與買家不能面對面地進行交流，但是賣家擁有良好的服務狀態也是必不可少的。

例如，賣家與買家通過即時聊天工具進行溝通時，賣家必須快速而友善地回答買家的各種問題。特別是一些新手買家，在網路購物方面的經驗並不是特別豐富，因此對於商品和交易的細節問題也比較多，在這種情況下，賣家必須要不厭其煩地為買家解答各種問題。只有如此良好的服務狀態才能夠在廣大消費者中樹立良好的口碑與形象。

在交易成功之後，賣家也不能對顧客不理不問。賣家最好對自己的老買家進行定期回訪，並在有任何新款商品上架時第一時間通知買家。這樣的服務狀態也會讓買家產生一種特殊優越感，從而成為賣家的回頭客。

如果商品在售後出現問題，賣家必須嚴格按照三包法的規定進行相應的處理，並且態度上也不能蠻橫。而對於一些比較固執的買家，不滿意賣家的售後處理，那麼賣家也需要與買家進行良好的溝通，並最終達成雙方都能夠接受的處理方式。

總的來說，服務品質對於廣大的賣家來說是非常重要的，只有在服務品質和態度上多下工夫，保證為買家提供最為完善的服務體系，並且即時彌補自己在服務方面的不足，才能讓自己的網店良好而長久地經營下去。

2.宣傳

宣傳對於任何類型的賣家來說是必不可少的，特別是對於網店賣家來說更是如此。有許多賣家在經營的過程可能會發現

其他的一些店鋪所經營的商品與自己的商品基本相同，而且在價格方面也處於同一水準，有時甚至比自己的價格還要高，但是自己在銷售業績方面卻遠不如對方，那這又是什麼原因呢？

歸根到底來說，這就是宣傳的作用。對於網路賣家來說，在寬廣的網路平臺上讓賣家找到自己的網店甚至商品是非常困難的。特別是在資訊日益發達的今天，網路上同一類型的商品信息可以說是數不勝數，想要讓廣大的買家在第一時間內找到自己的店鋪，就必須對自己的網店進行全方位的宣傳。

但是在網路上進行宣傳，其資源也有免費的和收費的兩種。從效果上來說，收費肯定好於免費。如果能在各大門戶網站的首頁投放自己的店鋪廣告，那前來訪問的顧客必然會源源不斷，但這個效果的代價就是天文數字般的宣傳費用。

雖然說免費的宣傳方式其效果並不是特別的明顯，但是只要將其合理地運用起來，也能夠為網店帶來一定數量的顧客。

例如，利用各種即時聊天工具進行宣傳，並且加入各種與自己所經營商品有關的群組中進行宣傳，其效果也是相當不錯的。除此之外，在各種專業性的論壇上進行宣傳也是必不可少的。例如，賣家所經營的是 DIY 硬體方面的商品，就需要到各大 IT 門戶網站的論壇上進行宣傳。

當然通過免費宣傳方式進行店鋪宣傳，並不是一味地發佈自己店鋪的鏈結。而是要與對自己經營商品類型感興趣的潛在客戶進行交流，為他們提供所需要的相關信息和商品信息，如此點點滴滴的細心經營才能將這些用戶吸引到自己的店鋪中去。如果只是簡單地發佈廣告鏈結，不僅會讓這些潛在客戶產

生厭煩感，而且還有可能違反一些專業論壇的規範，最終導致宣傳工作的失敗。

因此在網店的宣傳工作上，廣大的賣家應該多以免費資源為主，對於資金較為充足的賣家來說可以適當地進行一些收費性質的宣傳工作。只有宣傳到位，才能夠保證自己的店鋪一直擁有穩定的客戶量。

三、你怎樣推廣宣傳自己的網店？

宣傳工作對於網店來說是非常重要的一環，因此對於每個網路賣家來說做好自己店鋪的宣傳工作是必不可少的。那麼在實際的宣傳工作的細節方面又應該注意那些問題呢？在宣傳工作中，那些是合適的，那些又是不合適的？接下來就來重點瞭解一下有關網店的宣傳工作。

1.注意宣傳方法

宣傳手段對各種經濟實體來說都是一門十分講究技巧的學問。無論是對於國際性的跨國型公司還是對於小小的網路店鋪，合適而到位的宣傳方法總能帶來意想不到的效果。

在網店的宣傳方式上，廣大賣家應該注意不要太過直接。在各種群組和論壇當中對自己的店鋪進行明明白白的宣傳，其廣告成分顯得過重，這種方式能夠吸引到的消費者數量是非常有限的。因此在宣傳的過程中，注意與網友之間多進行交流與溝通，瞭解網友們的需求才能帶來較好的宣傳效果。例如大家在交流的過程中，某個網友有更換手機的打算，如果賣家自己

也經營手機產品，那麼就可以與網友進行全面的交流，主動為網友介紹一些合適的型號，並且指出這些型號的優點和不足之處等。這樣一來，賣家在廣大的網友中就能擁有較高的信任度，就可以在與網友進行相關商品的討論時順帶介紹一下自己的店鋪，並且示意還能給這些網友提供一些優惠等，這樣的宣傳效果遠好於機械化的宣傳模式。

在交易的過程中，賣家如果能夠提供完善的服務，並且買家對於商品和賣家態度也擁有較好的評價，那麼這個買家也可能成為一個間接性的宣傳途徑，從而有可能會為賣家帶來更多的顧客。

雖然說宣傳的方法有很多種，但是廣大的賣家需要注意宣傳方式的人性化和多元化，並注意與潛在買家之間的交流與溝通。只有良好而全面的交流，才能促成交易的成功。

2.注意宣傳的真實性

宣傳與廣告在許多方面看來都能夠適當地加入一些誇張的元素，從而達到更加理想的宣傳效果。但是所謂的誇張並不代表虛假，如果在宣傳過程為自己的商品加入了任何不真實的信息，必然會對網店的發展帶來致命性的打擊。

所以廣大賣家在推廣自己的店鋪和商品時，要對自己的商品進行完全真實的介紹，尤其是在商品的功能和品質方面，千萬不要做任何誇大的宣傳。例如賣家主要經營一些低端入門級的 MP3 產品，在宣傳時就切忌出現諸如「音質可媲美 iPod」等不真實的功能介紹。而在商品的品質方面，如果主要經營外貿商品，那麼也千萬不要說成是專櫃正品。如果這些不真實的宣

傳內容被消費者發現，那麼其後果可想而知。

因此在宣傳的過程中，賣家最好保證自己商品信息的真實性，並且不做任何誇大的修飾，讓廣大的消費者買得明明白白。這樣的宣傳方法對提高自己店鋪的信譽度最為有效。

四、你是否學習過成功的推廣方式？

對於許多的網路新手賣家來說，基本上沒有任何網路推廣的經驗，因此在初期經營網店時容易遇到一些推廣上的障礙，並且導致店鋪的經營長時間處於不理想的狀態。那麼對於廣大的新手賣家來說，在自己網店宣傳的過程中，到底那些推廣方式才是成功有效的呢？

1.廣告推廣

網路廣告對於網店的推廣來說效果是非常明顯的，但需要一定數量的資金投入才行。而網路廣告的價格一般來說是由網站的全球排名和每日的訪問量所決定的，因此想要在一些大的門戶型網站上投放廣告是非常不現實的，畢竟大多數的網店投資者都是小本經營，就算是資金較為充足，也不可能將過多的預算放在大手筆的廣告投入上，因為這樣非常不划算。因此賣家可選擇一些區域性或者專業性較強的網站進行廣告投放。

在大型的門戶網站上投放廣告對於普通的網店來說是非常不切實際的。

例如，一賣家是經營一些手機通信類的產品，那麼他就可以選擇一些當地的手機網站或者網上商場進行廣告投放。這些

網站的廣告費用相對來說低了很多，一般幾千元就能維持幾個月甚至一年。

　　而對於預算資金較為充足的賣家來說，想要投放網路廣告，其投放廣告的網站必須具有一定的針對性，如果只是盲目地在各大網站上投放廣告，相信也只能夠吸引到一些訪問流量和過客，而真正對其商品感興趣的買家可以說是非常稀少的。

　2.**搜索引擎推廣**

　　由於網上的信息非常豐富，因此許多買家在採購商品之前會使用搜索引擎來查找想購買產品的相關信息。如果賣家能夠將搜索引擎的資源利用起來，買家在查找商品信息時就有可能搜索到賣家的店鋪，從而為賣家帶來更多數量的顧客。

　　谷歌(Google)作為全球最大的搜索引擎，其免費的搜索引擎服務對於廣大的賣家來說是非常好的宣傳工具。

　　而就目前國內主流的搜索引擎來說，也可分為收費和免費兩種類型，例如百度、雅虎和網易搜索都提供了競價排名的搜索引擎，也就是按照搜索並點擊用戶網址人數的多少來進行收費，而像谷歌、新浪－愛問和中搜等搜索引擎則提供了完全免費的搜索引擎服務，用戶只需登錄搜索引擎並輸入相關的信息和關鍵字，並且被搜索引擎收錄以後就能夠讓網路上的用戶搜索到其相關的網址和信息。

　　百度是全球最大的中文搜索引擎，其收費的競價排名服務對於有資金基礎的賣家來說也可以利用一下。

　　廣大的賣家在推廣自己的店鋪時，將所有的免費搜索引擎資源利用起來，並且適當投入一些競價排名的搜索引擎服務，

這樣的推廣效果將會非常不錯。

3.論壇推廣

國內的網上論壇數量可以說是數不勝數，無論是綜合性還是專業性的論壇，其每天的訪問和流覽人數都是非常可觀的。而這些用戶當中，就有可能存在著不少的潛在消費者，因此廣大賣家也可以利用這些論壇資源推廣自己的店鋪。

一般來說，論壇可分為綜合性和專業性兩種，綜合性論壇在訪問人數上肯定要多於專業性論壇。但由於綜合性論壇每日的帖子和數據量都非常龐大，因此頁面的刷新速度也相對較快。針對這種情況，用戶可以利用在個性簽名中加入自己的店鋪鏈結或者宣傳圖片，並在論壇中多交流，使得自己的店鋪廣告擁有較多的出現次數，這樣就能達到相應的宣傳作用。

而作為專業性論壇，在宣傳方法方面就顯得更加多元化一些。例如一款新型號的手機上市，賣家可以通過在一些專門的手機論壇上發佈相關新聞或者測試文章的帖子，並且在帖子中加入一些合適的廣告鏈結，同時說明該款手機已經在自己網店中上架。如此一來，對該款手機有興趣的用戶就有可能流覽到你的帖子並進入到你的店鋪中。

在各種類型的論壇上與廣大的網友進行交流也是宣傳方式的一種。

在通過論壇進行宣傳時，需要注意的一點就是大部份論壇都禁止發佈廣告帖。因此，對於廣大賣家，特別是新手賣家來說，一定注意不要直接發佈自己店鋪的廣告信息。如果被相關論壇的版主或者管理員發現並視為廣告帖，那麼其帖子可能會

被刪除，如果發佈廣告帖的數量較多，其論壇賬號也有可能會被凍結。

4.主動推廣

所謂主動推廣，就是賣家通過各種即時聊天工具、E-Mail甚至網站內部短信工具等向廣大網友進行全面或者有針對性的店鋪和相關商品的推廣。

主動推廣一般可分爲全面性的推廣宣傳和有針對性的推廣宣傳。全面性的推廣一般是利用各種網路溝通方式和相應軟體，對大多數的用戶進行推廣。例如自己的 QQ 和 MSN 好友、群用戶和論壇網友等等。但是這樣的推廣方式雖然面積較大，但是針對性較弱，而且時間長了以後容易造成他人的不便，並對廣告和推廣內容產生反感和排斥。因此這類宣傳一般在新店開張時比較適合使用，並且對相同用戶發佈信息的數量最好控制在 3 次以內，這樣才能夠獲得較好的推廣效果。

利用淘寶旺旺、QQ 和 MSN 等即時聊天工具對潛在客戶進行主動推廣和對老客戶進行回訪也都是非常重要的宣傳手段。

而有針對性地進行推廣和宣傳主要是針對有需求的用戶進行主動推廣。例如某些用戶在論壇或者群組內發佈相應的購物意向,這時賣家就能通過各種聊天工具或者 E-Mail 等對用戶發佈相應的商品信息，並且提供自己店鋪的詳細網址。這樣的主動推廣針對性較強，而且不用進行重覆地操作，在工作量上也比全面性的推廣輕鬆許多，但是需要用戶花費更多的時間在論壇或者與網友交流上。

除了對潛在用戶進行主動推廣以外，對自己的老顧客進行

定期的回訪和推廣也是非常重要的。一般來說，大多數網路消費者都有在同一家網店購物的習慣，因此對老用戶進行主動宣傳，例如新貨上架或者有特價商品時，在第一時間主動向其發送相應的信息，這也是效果比較明顯的主動推廣方式之一。

5.店鋪自身推廣

廣大的賣家全力對外推廣自己的店鋪時，往往會忽視掉自己店鋪本身的宣傳作用。作為一個銷售平臺，店鋪自然也能起到展示商品和推廣商品的作用，特別是對自己的店鋪進行適當的修飾和美化，也更加能夠讓前來流覽的消費者產生一種信任感。

漂亮的店鋪裝飾對網店是一種無形的宣傳。

除此之外，賣家最好對店鋪的商品進行定期更新，並提供詳細而全面的商品信息和相應的實拍圖片。這樣一來，不需要過多的介紹，消費者也能對商品的詳細情況瞭若指掌。

心得欄 _ _ _ _ _ _ _ _ _ _ _ _ _ _ _ _

_ _

_ _

_ _

_ _

_ _

52

激發顧客購買慾

　　從專業的角度上說，如何激發顧客的消費慾望，可以說是一門非常講究技術的學問，而這門對於小本經營的網上店鋪來說同樣也是非常重要的。由於網路購物對於目前國內的消費者來說，能夠接受仍然是小部份，而大多數的消費者抱著看一看的想法在網上流覽各種商品。那麼如何才能讓這些潛在的消費者真正掏出錢包來消費呢？降低產品的銷售價格可以說是最為行有之效的方法，畢竟當消費者看到某些商品的價格比市面上低出很多時，購物欲自然會大幅度地上升。

一、產品特價有學問

　　特價商品在實體經營中可以說是非常常見的一種商品降價策略，例如在日常生活常見到的諸如「清倉價」、「跳樓價」和「特價處理」等比較直接的宣傳方式。而對於普通消費者來說，基本上存在著一種「撿便宜」的消費心理，當他們遇到這些特價商品時，自然會不由自主購買該產品，無論這個商品對於消費者自己有多大使用價值。其實這就是一種商品經營方面的心

理戰術，激發消費者的潛在購物意識，而這種方法對於網路經營來說同樣也是非常適用的。但這並不意味著每種商品隨隨便便的打個特價出來就是有用的，這其中也是非常講究銷售技巧的。

1.產品如何命名

對於想要進行特價銷售的商品來說，如何對該商品進行合適的命名，可以說是非常重要的。如果只以簡單的「特價處理」等標註方式進行產品名稱的修飾，其效果也並不是特別的理想。由於網上的同類型商品較多，因此消費者們可供比較的產品也非常多的，而想要在這些眾多的商品中脫穎而出，從而達到吸引消費者眼球的目的，其商品名稱和相應的修飾就必須要一針見血。

首先，抓住商品的特點，從特點上對商品進行相應的修飾。例如，某賣家想要對一款諾基亞的 6120c 手機進行特價銷售，那麼就以「諾基亞 6120c 特價僅×××元」的方式進行命名，完全沒有任何的特點，對於普通的消費者來說，也許對於該款機型並不瞭解，因此對於×××元的特價也並沒有太大的興趣。但如果我們抓主該產品的相應的特點，如 6120c 手機的特點為，時尚的直板造型，是一款採用了 S60 作業系統的智慧手機，並且搭配了 2.0 英寸的 QVGA 顯示器和 200 萬圖元的攝像頭，那麼再重新進行命名，例如「S60 作業系統 200 萬圖元 QVGA 顯示器諾基亞 6120c 僅售×××元」，這樣一來，消費者對於該款手機的特點自然瞭解得非常透徹，如果再將同類型的手機與之進行比較，那麼該手機的價格優勢自然就顯現出來。在對

商品進行命名之前，賣家也可以到網上查找該款商品的詳細參數資料和特點。

因此在特價產品的命名上，不能單從價格上下手，畢竟只給出商品的價格，普通的消費者是難以衡量該商品對於這個價格是否超值。因此就必須體現出該商品的某些特點，而擁有相同特點的產品應該高出這個價格，除了瞭解產品參數以外，閱讀該商品的各種測評文章對於找出該商品的特點也是非常有用的，這樣一來消費者才能夠實實在在地明白該商品確實物超所值。

所以說賣家在進行特價銷售以前，必須對該商品的特點進行完完全全的瞭解。如果在產品命名上仍然找不到感覺的賣家，也完全可以到銷售同類商品的老賣家那裏學習他們是如何對一些特價商品進行命名的，這樣對於增進新手賣家的銷售技巧也是非常有效的。

而除了商品特點以外，賣家仍然可以單從價格方面進行商品宣傳，而這種宣傳方式特點就是要非常的極端，甚至是誇張。例如在淘寶等購物網站上比較常見的「全站最低價」或者「淘寶最低價」等宣傳方式。但是這樣命名的前提是賣家對於該商品的價格優勢擁有十足的把握，而且在商品命名之前，必須對自己所在的網購平臺的同類商品進行全面的瞭解，將該款商品的所有市場價格進行對比，除開少數不真實的商品價格以外，如果自己的特價商品確實處於絕對的優勢，那麼以這樣的命名，對於刺激消費者的購物欲來說是非常有效的。如果在這種情況下，賣家再以時間限制作為輔助條件，例如「限時搶購」

等宣傳方法，其效果也會更加的明顯。這樣一來，消費者才能從根本上瞭解自己所購買到的商品是非常超值的。

2.如何選擇特價商品

對於特價商品來說，價格上的優勢自然是最為明顯的，但是這並不意味著每樣商品都可以進行特價的銷售方式。特別是一些使用範圍較小，而且實用意義不大的商品，例如「家庭用品」、「衛生用品」和「食品」等，這樣商品在網上購買的意義本來就不大，再加上有各種各樣的超市，對於這些生活用品的價格本來就有著較大的價格衝擊力，因此選擇這類商品進行特價銷售也沒有太大的意義。主流商品進行特價銷售對於消費者來說是非常關注一種。

因此賣家在商品的選擇上，可以走兩個極端，一個是非常主流，而且非常受歡迎的商品進行特價銷售。而另一種則是選擇在日常生活比較少見的，而且價格方面也並不算太低的商品進行銷售。人氣較高的商品，消費者的關注度也相對較高，如果再以特價方式進行銷售，那麼銷量自然能夠令人滿意。而所謂的冷門商品，由於消費者平時都很少見到，而新鮮感和好奇心也會促進消費者的購買慾望，再加上特價銷售的輔助作用，因此這類商品往往也能夠獲得較好的銷售效果。

二、一元起標吸引大

低價商品對於消費者的刺激來說可以說是最大，特別是價格越低，就越能夠吸引到越多的消費者。而對於網路購物來說，

一元商品可以說是非常受歡迎的,這其中除了難以想像的低價以外,以一元起標進行商品拍賣的方式對於商品促銷來說也是非常有效的。因此對於廣大的賣家來說,如果在某一時間段裏,自己店鋪的銷量成績不理想的情況下,也可以選擇以一元起標這種方式來刺激一下自己的商品和消費者的關注度。

1.一元起標,拍賣才是王道

拍賣可以說是網路店鋪所擁有的最大優勢之一,它不同於普通的實體店鋪,只能夠以一口價的方式來進行銷售。而網路購物由於其店鋪完全能夠提供一個公正的拍賣平臺,因此許多賣家將自己的商品以拍賣的方式來進行銷售。這樣一來不但能夠促進產品的銷售,而引起廣大消費者的關注,並且將更多的客戶吸引到自己的店鋪中來才是拍賣商品的最大優勢之一。

一般情況下,選擇拍賣的商品不能是自身價格太低的商品,如果用售價只有幾十元的商品來進行拍賣,那麼拍賣的意義也就不大了。因此賣家在商品的選擇上,用幾百元甚至幾千元的商品來進行拍賣銷售,所能夠得到關注度也是遠遠超過那些低價商品的。特別是像幾千元的手機以一元起標的方式進行拍賣,這對於刺激消費者的購買慾望是非常明顯的,畢竟誰都想以最便宜的價格買到最貴的商品。

如果賣家還擁有一定數量的庫存或者二手商品,那麼用於一元起拍的方式進行銷售也是非常有效的。即使是該商品的拍賣價格沒有達到其自身的成本價格,其所帶來的宣傳效果也完全能夠彌補這些損失的,這也就是人們常說的「賠本賺吆喝」的宣傳方式。

2.一元商品，吸引眼球最重要

除了一元起標拍賣商品以外，賣家還能用一些低成本的小商品以一元的價格進行銷售。而能用一元錢買到全新的商品，對於消費者來說是非常願意接受的，各種各樣的一元商品也能夠起到吸引眼球的作用。

特別是一些小件的商品，雖然成本不高，如果說能以薄利多銷的方式來進行銷售，對於賣家來說是完全有利潤可言的。而且對於這些一元商品，買家肯定也不會採用單個的購買方式，畢竟一元的商品再加上十元左右的運費，也顯得非常的不划算。因此爲了讓運費得到合理的分擔，買家肯定會選擇一次性購買多個的方式來減輕運費的支出，而這對於賣家來說，也是增加銷量的有效方法。

三、多重物品誘惑多

所謂多重物品的銷售方式，也就是將多個物品以捆綁的方式進行銷售，而且這些商品之間都擁有較強的組合性質，或者說是必須搭配使用的商品。這樣的銷售方式不但能夠有效地降低商品的成本價格，而且對於促進商品的整體銷量是非常有效的。除此之外，這樣的多個商品捆綁進行銷售對於消費者來說也能夠有效地節省開支，而且一次性購買成套的商品也省去了再去購買相關商品的麻煩，可以說是一舉多得。

1.捆綁銷售注意選擇商品類型

雖然多重物品進行捆綁銷售是非常有效的促銷方式，但是

對於進行捆綁銷售的商品來說，也必須選擇合適的商品類型才能夠達到最為突出的效果，例如可以將手機與相關配件進行捆綁銷售、數碼照相機與相關配件進行捆綁銷售、遊戲機與軟體進行捆綁銷售等，這些電子產品由於選擇主機以後，基本上都會購買一些相關配件，因此這類商品進行捆綁銷售以降低整體的售價是非常有用的。但如果將上衣與褲子進行捆綁銷售就顯得並不是特別合適了，畢竟除了套裝服裝以外，基本上消費者都會選擇自己搭配服飾，如果賣家以強行搭配的方式進行捆綁銷售，肯定不能夠滿足每一個消費者需要，從而會影響到該商品的銷量。

2.提供多種選擇

對於像數碼照相機或者手機等電子產品來說，可供選擇的配件類型也是非常豐富的，因此賣家對這類商品進行捆綁銷售時，需要注意根據不同消費者的需要提供多種搭配方案，以方便消費者的選擇。由於不同類型的配件其價格也是各不相同的，因此不同的配件組合，對於捆綁商品的價格影響也非常大，而不同的價格對於不同層次和不同需求的消費者也能提供更加靈活的選擇方案。提供多種配置的選擇方案，對於不同類型的消費者也能更加方便地進行選擇。

3.免費贈送好處多

對於普通的消費者來說，能夠有便宜可撿自然是不會錯過。因此賣家在進行商品的捆綁銷售時，也可以採用贈送一些配件來提高消費者的購買興趣。就如同購買手機送組裝電池、螢幕貼或者手機套等，由於這些配件商品自身價格不高，如果

再加上合理的價格進行捆綁銷售，那麼所贈送的這些配件也是完全有利潤可言的。畢竟「羊毛出在羊身上」，以這樣的方式進行捆綁銷售，而且還有贈品可送，這對於消費者來說是顯得非常划算的。

四、固價拍賣需有方

在拍賣物品的定價方面，也可以說是一門非常講究的學問。對於拍賣商品的定價，應該以何種方式進行估價，不同的商品又該以怎麼的價格起拍才是最爲合適的呢？如果定價過低或者定價過高又會帶來怎樣的負面影響呢？這些問題對於想採用固價拍賣來進行促銷的賣家來說都是比較現實的。那麼在進行實際商品固價拍賣的時候，廣大的賣家們又應該怎樣進行恰當的操作才能夠達到最佳的效果呢？接下來就一起來解一下固價拍賣需要注意的各種問題。

1.選擇合適的商品定價

對於所需要拍賣的商品來說，特別是價格較高的商品，如果都使用一元起拍的極端方法來進行拍賣，那麼對於店鋪的整體經營是非常不利的。特別是遇到拍賣人數較少的情況，該商品就可能以極低的價格售出，這樣就會造成賣家的損失。因此對於一元起拍這種方式來說，只能夠用於少數或者成本較低的商品使用。

那麼對於普通的商品來說，如何選擇合適的拍賣起價，使得不但能夠保證賣家的利益不受損失，也能夠保證消費者對這

個消費品產生足夠的興趣，由此可見拍賣商品的定價是非常重要的。如果拍賣價格過低，而參加拍賣的消費者較少，那麼就有可能導致在拍賣時間內商品無法達到其成本價格或者遠低於成本價格，造成賣家經濟上的損失。特別是進行大面積的拍賣活動時，其損失也更加明顯，這也是廣大賣家所不希望看到的。而如果拍賣定價過高，與市場價格的差距並不明顯，該商品也失去拍賣價格應有的優勢，從而失去了拍賣的意義。

因此在拍賣商品的定價方面，也必須根據不同的商品類型和該商品的市場銷量進行制定。如果產品本身的價格較高，因此拍賣時定價也儘量要低一些，這樣才能達到吸引眼球的作用。但為了保證利潤或者將損失降到最少，商品的價格儘量不要低於其本身價格的二分之一，而且加價格幅度也儘量偏大為佳。如果商品自身的價格偏低，那麼就可以選擇更低的起拍價格，即使拍賣的人數較少，也能夠在較短的時間內達到較高的拍賣價格，較好的情況下還會產生不錯的利潤。

除了根據商品的價格進行定價之外，賣家還需要對商品的銷售情況進行起拍價格的制定。例如在近段時間內該商品的市場人氣值不錯，即使產品的價格較高，那麼也能以較低的起拍價格進行拍賣，畢竟商品的流覽量較大，能夠較為輕鬆獲得足夠數量的加價，因此虧本銷售的風險也要小許多。反之，如果該商品屬於比較冷門的類型，那麼在定價方面也儘量選擇較高的起拍價格，或者對於冷門的商品最好以較低的一口價進行銷售，這樣的促銷效果也遠比選擇拍賣好得多。

2.加價幅度也需注意

除了拍賣商品的定價之外，對於拍賣加價幅度的設定同樣也是非常重要的。對不同價格和類型的商品，其加價的幅度也必須隨之更改。而這個具體的價格必須根據商品的實際價格和起拍價格來進行合理設定。

例如一件價格只有 100 元的商品，如果賣家想要獲得較好的拍賣效果，就可以從 50 元起拍，然後加價幅度設定在 5～10元左右就比較合適了，因為在這種情況下，如果參與拍賣的用戶不多，也能夠在次數較少的情況下達到賣家所能夠承受的賣出價格。而如果賣家想要從宣傳效果上著手，那麼就可選擇 1元或者 0.1 元這樣的低價起拍，然後加價幅度就可以適當的提高一些，例如 20 元左右，這樣也能夠保證商品在拍賣人數不多的情況下仍然能夠以較好的價錢賣出。

而對於人氣較高的商品來說，加價幅度也儘量越小越好，因為只有這樣才能夠讓眾多消費者參與進來，並且保證拍賣商品在較長的時間內保持較高的關注度。

五、拍賣時間要掐準

對於許多新賣家來說，由於對商品拍賣缺乏經驗，因此在拍賣商品時往往也會由於拍賣時間和起拍價格的搭配不合理，從而造成成本的損失。因此在建立商品拍賣時，除了充分瞭解該商品的市場狀況以外，對於商品的拍賣時間也一定要掐準，而這個不單是指整個拍賣過程的時間，還包括拍賣的具體起拍

日期和結束日期。因此只有時間把握準確，才能夠保證商品最終能夠以較爲合適的價格售出，而保證賣家的利益不受損失。

在商品拍賣的過程中，以商品價格結合拍賣時間是最爲重要的。因此在建立拍賣前，賣家必須先要對商品的具體市場情況瞭解清楚，商品的人氣值和關注度到底如何。然後根據商品的受歡迎程度制定好相應的起拍價格和加價幅度。當價格制定完成以後，接下就需要擬定好商品的具體拍賣時間。

首先是商品拍賣的有效時間，也就是拍賣時間的長短。基本上來說，這個時間的長短最好以商品的起拍價格與實際價格的差距而定，如果差距較大，就可以適當的設定較長的拍賣時間，如果差距較少，時間也可以隨之縮短一些。總之，這個時間不能夠過短，以保證消費者們有充足的時間來參與競拍。但時間也不能拖得太長，過長的拍賣時間也會讓大部份的消費者失去對該商品的興趣。

而除了拍賣的有效時間之外，起始時間同樣也是非常重要的。以 10 天的拍賣時間爲例，應該如何安排這 10 天的期限呢？在普通的情況下，可以星期六爲開始時間，然後以下下週的星期一結束，而在這 10 天當中我們可以遇到兩次週末，也就是說能夠遇到兩次購物高峰時期，流覽人數的競拍參與者也會遠高於平時，因此對商品能以較爲合適的價格賣出是非常有幫助的。反之，如果在星期二開始拍賣，那麼在 10 天當中就只能夠遇到一次週末高峰期，這樣的拍賣效果自然也是可想而知的。

53

網店 SEO 的關鍵詞優化

在通過計數器瞭解了網店的流量、來源等詳細信息後，賣家就要有的放矢地進行 SEO(Search Engine Optimization：搜索引擎優化)。或許大家對於 SEO 還不熟，或者覺得 SEO 挺神秘了，不過爲了讓生意更加紅火，SEO 必不可少。

什麼是搜索引擎優化？它是這麼一種技術，即是遵循搜索引擎科學而全面的理論機制，對網站結構、網頁文字語言和站點間的互動外交策略等進行合理規劃部署來發掘網站的最大潛力而使其在搜索引擎中具有較強的自然排名競爭優勢，從而促進在線銷售。大家都知道，在搜索引擎中檢索信息都是通過輸入關鍵詞來實現的，因此關鍵詞的設計是整個網站登錄過程中最基本，也是最重要的一步，更是賣家進行 SEO 的基礎。大多數賣家也是通過關鍵詞找到了自己的網店。那麼，SEO 要注意些什麼呢？

1.精準的關鍵字

選擇意義太寬泛的詞作關鍵詞：如果你是生產女裝的廠家，也許你想以「女裝」、「服裝」之類作你的關鍵詞，請不妨

拿「服裝」到 Google 試下吧，你會發現搜索結果居然為 174000000，想在這麼多競爭者當中脫穎而出談何容易。相反，在「短袖」、「長袖」、「背心」、「吊帶」等這類具體的詞下的搜索結果則少得多，這樣你有更多的機會排在競爭者的前面。因此根據你的業務或產品的種類，儘量選取具體的詞，使用意義更為精確的關鍵詞，可限定有可能轉化成你真正客戶的來訪者。

2.合適的關鍵字

使用與自己的產品或服務毫不相干的關鍵詞：有些人為了吸引更多人訪問，在自己的關鍵詞中加入不相干的熱門關鍵詞，那樣做有時的確能提升網站的訪問量，但試想一個查找「MP3」的人，恐怕很難對你銷售的嬰幼兒用品感興趣。既然賣家的目的是銷售產品，那麼靠這種作弊手段增加訪問量的作法不僅討人嫌，而且毫無意義。

3.關鍵字的測試

使用未經測試的關鍵詞：好多人在選出自認為「最佳」的關鍵詞之後，不經測試便匆匆提交上去。是否真的「最佳」，測試下吧。可以借助網上提供的免費工具來進行關鍵詞分析，象 WordTracker、Overture、Keyword Cenerator 等，這些軟體的一般功能都是查看你的關鍵詞在其他網頁中的使用頻率，以及在過去 24 小時內各大搜索引擎上有多少人在搜索時使用過這些關鍵字。如 WordTracker 有效關鍵詞指數（Keyword Efectiveness Index:KEI）會告訴你所使用的關鍵詞在它的數據庫中出現的次數和同類競爭性網頁的數量，KEI 值越高說明該詞越流行，並且競爭對手越少，一般 KEI 值達到 100 分就算

不錯，如果能超過 400 分說明你關鍵詞已經是最佳了。

4.關鍵字優化數量

主頁中涵蓋太多的關鍵詞：有些網站的設計者恨不得在主頁中把所有的關鍵詞都優化進去，因此在網站的主頁標題中堆砌了大量關鍵詞，以求改善排名。殊不知這只會使事情變得更糟。對主頁的優化應限定於最多二個重要關鍵詞。要確保網店的主頁標題長度最多不超過 7 個詞(30 個到 40 個字母，即 15 到 20 個漢字之間)。這是因為，如果某個網站其主頁的標題標籤中包含 10 個以上的關鍵詞，則沒有一個關鍵詞能夠滿足較高排名所要求的關鍵詞密度。這樣一來這些關鍵詞中沒有一個能夠在搜索結果中獲得比較高的排名。尤其對那些比較熱門的關鍵詞來說，要想在激烈的競爭中獲得比較好的排名，對關鍵詞密度有更高的要求。

對於其他的關鍵詞你完全可以在別的頁面中分別做相應的優化，沒必要都擠到主頁中去優化，因為每個頁面對搜索引擎來說都是個潛在的「橋頁」。因此，對於大型網站，最好每個網頁都擁有不同的網頁標題，而且每個標題都含有關鍵詞，讓網站的內容更多地進入搜索引擎的索引範圍。

5.合適的關鍵字密度

盲目重覆頁面關鍵詞：關鍵詞密度(即關鍵字與個頁面中除掉 HTML 代碼的內容的百分比)的大小對網站的排名有直接的影響，但絕對不是出現次數越多越好。有人為了增加某個辭彙在網頁上的出現頻率，而故意重覆，如在標題欄出現「海爾海爾海爾」之類的東西。不過，現在很多搜索引擎都能識破它，它

們通過統計網頁單詞總數，判斷某個單詞出現的比例是否正常。一旦超過「內定標準」，不僅會被視為無效，從而降低網站分值，還有可能永遠將你的網站拒之門外。所以在使用關鍵詞時，要儘量做到自然流暢，符合基本的文法規則，不要刻意過分重覆某個關鍵詞，避免列舉式地出現，尤其不要在同行連續使用某個關鍵詞兩次以上。而且長度不宜超過 30 個字符(15 個漢字)。

6.正確的關鍵字優化

加入錯別字關鍵詞(多用於英文)：如果某個與你網站內容有關的詞經常被錯拼，考慮到一般人不會以錯別字作為自己的目標關鍵詞，你也許打算用它來優化網頁，那麼一旦遇到用戶用這個錯別字進行搜索，就會為你帶來額外的訪問量。事實上，儘管根據關鍵詞監測統計報告表明：有些錯別字出現頻度並不低，但分析一下這些錯別字一般都是由於客戶一時的粗心所造成。這樣一來使用錯拼關鍵詞很多時候不但不能為你帶來額外的收益，面且影響網站的權威性，甚至讓偶爾失誤的客戶對企業的素質、實力產生懷疑。更何況目前的搜索引擎(如 Google)都增加了自動拼寫檢查功能，所以，加入錯別字關鍵詞優化網頁還是不值得提倡的。

7.頁面關鍵字優化

忽視關鍵詞的位置：關鍵詞在合適的位置出現一次比在不合適的位置出現一百次都有效。你需要在標題、段落內容、文字內容的頁頭和頁尾、META 標籤甚至不顯示的<comment>標籤裏面安排關鍵詞，標題、頁頭和頁尾是重點，而其中標題欄又

是最重要的，一定要讓關鍵詞出現一到兩次。在網頁正文中應保證至少對關鍵詞重覆三次以上。有分析顯示，頁面正文 7～9%的關鍵詞密度為最佳，關鍵詞在主頁裏面出現的頻率以 8～10 次為宜。

心得欄 _____

_____

_____

_____

_____

_____

54

巧妙抓住回頭客

一、堅持回訪，強化印象

回頭客對於每個生意人來說都是非常重要，因為回頭客的存在不但能夠說明自己的商品得到了消費者的認同，而且這些消費者對於自己的服務也是非常滿意的。這一點對於廣大的網店店主來說同樣也是如此。雖然沒有實體店的存在，也沒有面對面的對話，但是賣家熱情和專業的服務同樣也能夠為自己的網店帶來不少的回頭客。那麼如何讓自己的顧客變為回頭客，甚至發展到熟客的地步，這就需要店主們在售後工作上進行強化，達到能夠讓消費者對你的店鋪印象深刻甚至是牢牢記住。

如何才能讓消費者在眾多的網店中記住自己呢？這個問題對於廣大的賣家來說是吸引回頭客的第一步。如果想要自己的店鋪能夠被消費者所記住，那麼選擇恰當的時間和適合的方法對自己的顧客進行回訪，並且長時間的堅持下去，這樣的方法對於強化店鋪在消費者心中的印象來說是非常有效的。

1.回訪時間

首先是在回訪時間的選擇上，儘量選擇顧客在線的時間進

行回訪，特別是對於剛購買自己商品不久的顧客來說，詢問其商品是否滿意，對自己的服務還有那些不足，對自己的店鋪還需要那方面的提高等，這樣一來不但能夠加強自己店鋪在消費者心中的好感，而且對於提高賣家與買家之間的親和度也是非常有幫助的，對於培養以後的熟客也是非常重要的一步。使用阿裏旺旺進行對在線老顧客進行回訪是非常有效的方法之一。

但是需要值得注意的是，對於在線顧客進行回訪時，應詢問其是否有空，如果對方較為忙碌，那麼只需要進行相應的留言即可。如果說消費者對於自己的回訪並不感興趣，甚至是感覺厭煩，那麼在這種情況下就不應再繼續對該消費者詢問下去，否則也會影響到賣家與買家之間的關係。

2.回訪頻率

在回訪頻率方面，賣家可以根據不同情況進行相應的設定。例如當賣家有新款商品到貨時，就可以製作一份簡單的新貨列表，然後通過聯繫方式發送給自己的老客戶。或者賣家可以選擇以星期或者月為單位，對自己的老客戶進行回訪，詢問其對自己的商品是否滿意或者是介紹新的產品。因此在這種情況下，賣家就需要製作一份詳細的客戶列表，並且註明其聯繫方式和購買過什麼樣的商品，以方便日後的回訪。如果對於客戶的資料和情況不熟悉，賣家可以通過旺旺的用戶備註功能來記錄顧客購買過的商品和其他相應信息。

除此之外，在回訪頻率的選擇上，賣家也不能太過頻繁，因為過多的回訪次數會讓顧客感覺到賣家是在有意炒作，甚至會產生一定的厭煩感。這樣一來，賣家宣傳店鋪和加強消費者

印象不能夠達到，反而還會增加一定的負面影響，這對於提高回頭客的數量來說也是非常不利的。

3.回訪對象

雖然說回訪的主要目的是讓老顧客實現再次購物，也就是吸引回頭客。但從加強店鋪在消費者中知名度的角度上來說，對於準客戶甚至是新客戶進行一定的回訪也是非常有必要的。

特別是一些對於自己店鋪或者商品感興趣的消費者來說，如果能夠通過一定的回訪，讓這些準顧客變成自己的顧客，再進一步成爲回頭客。因此從宣傳店鋪的角度上來說，回訪不僅限於已經購買過商品的消費者。

服務品質就是客戶的滿意度，要達到客戶滿意，一定要清楚地瞭解客戶所需要的，充分和客戶溝通，傾聽客戶的意見和聲音，在掌握客戶多種需求的基礎上，來優化服務體系。因此通過建立回訪制度和規範投訴機制等客戶評價體系，可以充分瞭解客戶需求，及時修正存在的問題。

二、處理買家抱怨和警告

在網路交易的過程中，由於賣家和買家之間不能夠進行面對面的交易，而且買家也不能夠親眼看到商品，只能夠通過圖片或者是賣家的描述來進行判斷，因此在交易過程也會出現一些買家對商品或者是賣家的服務不滿意的情況。那麼在這種情況下，賣家就需要妥善處理好買家的不滿、抱怨甚至是警告等，這樣才能最大限度地防止交易的失敗和顧客的流失。

1.第一時間內作出處理

首先，當買家出現對於商品或者是賣家服務不滿意的情況，快速的處理對於買賣雙方來說都是有百利而無一害的。首先，從賣家的角度上說，在第一時間內解決買家的不滿情緒，不但能夠防止交易的失敗，而且對於提高在消費者心目中的地位也是非常有幫助的。而從消費者的角度上講，自己的不滿和埋怨能夠被賣家快速地接受並採納，說明賣家對於消費者的地位非常看重，這無形中也增強了消費者的滿足感，並且對於店鋪和賣家的好感度也會隨之提升。

2.處理顧客抱怨的原則

對於賣家來說，消費者是上帝的觀念一定要百分之百的牢固，無論消費者是對是錯，態度一定不能過於強硬。因為顧客始終正確，這是非常重要的經商觀念，有了這種觀念，賣家就能夠以一種平和的心態來處理顧客的抱怨，對於顧客的抱怨行為應該給予肯定，鼓勵和感謝，並且儘量滿足和達到消費者所需要的要求，淘寶推出的消費者保障計劃。

其次，如果責任方是消費者，千萬不要將所有責任都推脫給顧客，與顧客進行良好的溝通是非常重要的。因為消費者的不滿往往是由於買賣雙方溝通不順暢所導致的。因此產生了消費者的誤解。即便如此，決不能與顧客進行爭辯，耐心與細心地解釋能夠解除消費者心中的疑問和不滿，這樣也能夠避免失去潛在消費者的危險。

2.處理顧客抱怨的策略與技巧

(1)重視顧客的抱怨

當顧客因為各種原因對店鋪或者賣家進行投訴或抱怨時，作為賣家不能忽略掉消費者的任何一個問題。首先在心態上，賣家不應該存在對顧客擁有不滿和抱怨。因為在顧客產生抱怨和不滿時，可以增進賣家與顧客之間的溝通，還可以通過分析買家的不滿，找出店鋪內部經營與管理所存在的問題，利用顧客的投訴與抱怨來發現店鋪所需要改進的方面，這對於提高店鋪的服務品質和長期發展都是非常有幫助的。

(2)分析顧客抱怨的原因

當問題出現以後，逃避和拖延是沒有任何作用的，在第一時間裏分析出顧客不滿和抱怨的原因才是最為重要的。特別是一些細節方面的問題，由於賣家在日常的經營過程忽略掉了，因此才會造成消費者的不滿。特別當消費者產生不滿和抱怨以後，不應該只顧及表面的功夫，除了妥善解決消費者的不滿和抱怨以外，從一個問題上發現店鋪經營過程中的多點不足之處，對於防止類似情況的再次發生是非常有效的。

(3)正確及時解決問題

對於顧客的抱怨應該及時正確地處理，拖延時間，只會使顧客的不滿和抱怨情緒變得越來越強烈，顧客會感覺到自己沒有受到足夠的重視。例如顧客在購買商品以後，抱怨產品品質不好。這時賣家應該在第一時間與顧客進行聯繫並進行調查研究。如果是商品自身的問題，那麼就應該再快速地為顧客辦理退貨、換貨的手續或者進行相應的賠償。如果主要原因在於顧

客的使用不當，應及時通知顧客維修產品，並且告訴顧客正確的使用方法，而不能立刻否定與自己的關係而不予理睬。雖然這種情況下賣家沒有任何責任，但從為消費者著想的角度出發，做好自己的售後服務工作，這樣才能夠加強店鋪在消費者心目中的好感，否則也會失去不少的回頭客。

⑷**從顧客的角度上進行思考**

對於一名賣家來說，對於一些顧客的不滿和抱怨往往會處於一種不理解的心態進行處理，其處理效果當然也會很不理想。那麼作為一個好的賣家，他不但能夠為消費者提供好的商品的服務，還能夠設身處地的為顧客著想，能夠站在顧客的角度進行思考，如果我是顧客，遇到這種情況會怎麼怎麼樣。只有週全的考慮，才能夠體會作為一名顧客的真正感受，這樣一來才能夠找到最為有效的解決方法。

⑸**記錄顧客抱怨與解決的情況**

在網店的日常經營過程中，如果出現了顧客不滿和抱怨情況，應該做好相應的記錄，例如原因、解決方法和處理時間等，並且對第一時間的記錄進行總結，以找出店鋪在經營過程存在的種種漏洞和不足之處。並且在處理顧客抱怨中發現的問題，對產品品質問題，應該及時通知自己的供應商。如果是服務品質方面存在問題，那麼就需要對於自己和員工的服務品質進行強化和提高，以杜絕此類情況的再次發生。

⑹**追蹤調查顧客對於抱怨處理的反映**

對於顧客的不滿和抱怨處理完成之後，也不能當做什麼事都沒發生過一樣，應該主動的與顧客進行積極溝通，瞭解顧客

對於賣家處理的態度和看法，對於自己的處理是否滿意等，商品和服務是否還需要加強。這些日後工作對於增加顧客對賣家和店鋪的忠誠度是非常有幫助的，並且也能夠使這些顧客成為回頭客甚至是熟客。

三、提高買家回頭率

所謂提高買家的回頭率，簡單地說就是將消費者再次吸引到店鋪中進行流覽和購物。對於說網路購物，商品的價格優勢是佔有很重要的地位的，對於一些容易養成購物習慣的顧客來說，進行多方面的宣傳，並且進一步鞏固店鋪與顧客之間的關係，讓這些顧客成為自己的老顧客也並不困難。那麼對於賣家來說，使用那些方法才能有效地將顧客再次吸引到自己店鋪中，並且進行再次甚至是多次的購買呢？

1.增加店鋪曝光率

提高店鋪的曝光率，也就是增強店鋪在消費者眼中出現的次數。這樣一來不但能夠加強店鋪在顧客心中的印象，對於帶來潛在客戶也是非常有幫助的。通過在商品包裝或者其他方面增加店鋪名稱的出現次數，是增加店鋪在消費者眼中出現次數的有效方法。

除了進行相應的回訪工作以外，賣家還可以在其他方面來達到相同效果。例如可以附上帶有店鋪名稱的包裝，並且在顧客購買的商品中加入一些店鋪個性化的元素，例如聯繫卡片或者其他能夠達到宣傳店鋪的物品。印刷一些印有店鋪名稱或者

網址的聯繫卡片，並且附送在商品包裝中也能夠達到了較好的宣傳效果。

2.贈送小禮物

增強店鋪在消費者中心目中的好感度，就必須給消費者帶來一定的實惠，說簡單點，也就是贈送一些小禮物，讓消費者能夠得到好處。那麼這樣一來消費者對於店鋪的好感度自然也會得到一定的增強。贈送商品是非常常見的促銷手段，它不但能夠促進消費者的購物欲，對於提高店鋪在消費者中的好感度也非常有幫助。

從賣家的角度出發，除了給予價格上的優惠以外，在交易成功之後附送一些小禮品也是非常有效的方法。特別是贈送一些與商品相關，並且實用性較強的小禮品。例如購買數碼商品就贈送一些數碼配件，購買服裝鞋類商品就贈送一些圍巾、手套和襪子等商品。這樣一來不但能夠有效地降低賣家的支出費用，對於提高消費者的購物滿意度和對店鋪的好感度都是非常有幫助的。

3.提高店鋪的知名度

如何提高店鋪的知名度，就需要製造一定的噱頭能讓消費者之間進行傳遞。這其中最為常見的方法就是舉辦各種優惠活動。特別是在日常生活中，某家商場將會舉辦什麼樣的優惠活動，在廣大的消費者中就容易進行相互的傳遞。而這種方法賣家同樣也可以運用到網店的宣傳中，來達到提高店鋪在消費者中知名度的目的。

正是由於網路購物的自由性，因此賣家在舉辦各種優惠活

動的條件也非常靈活。例如全店打折、部份商品打折、購買一定金額的商品優惠多少、或者是免費包郵等。其搭配方法可以說非常豐富,而且在宣傳手法上也可以非常的人性化。

4.提升消費者的地位

提升消費者的地位,就是將一些老顧客或者是能夠達到某種條件的顧客給予各種各樣的優惠條件甚至是特權,讓他們感覺到與普通消費者之間的不同,也就是人們常說的 VIP 客戶。對於 VIP 客戶,必須擁有合適的達到條件,而且在優惠尺度方面也必須讓消費者能接受。

在實行 VIP 客戶制度之前,賣家應該做好相應的制度制定工作,確定在何種狀態下能夠給予消費者何種程度的優惠。並且對於消費者的每次購物做好詳細的記錄,以方便賣家對於某個顧客是否能夠達到 VIP 客戶條件進行查詢。

心得欄 _

_ _

_ _

_ _

_ _

_ _

55

一定要防止熟客流失

熟客流失已成爲很多淘寶賣家所面臨的尷尬，賣家們大多都知道失去一個熟客會帶來巨大損失，需要店鋪至少再開發十個新顧客才能予以彌補。但當問及賣家熟客爲什麼流失時，很多店鋪的賣家都一臉迷茫，談到如何防範，他們更是束手無策。下面就爲大家分析一下熟客流失的原因，以及如何堵住熟客流失的缺口。

一、熟客流失的原因

客戶的需求不能得到切實有效的滿足往往是導致淘寶網店客戶流失的最關鍵因素，一般表現在以下幾個方面：

1.店鋪商品品質不穩定，熟客利益受損

很多店鋪開始做的時候會選擇品質好，價位稍高的商品來淘寶銷售，但時間久了，慢慢的，賣家會發現有些低劣商品，只要圖片漂亮一樣好賣，於是改換便宜的劣質品充當高級商品賣高價位，這樣一來，熟客肯定會流失很多。

2. 店鋪缺乏創新，客戶「移情別戀」

任何商品都有自己的生命週期，隨著淘寶平臺市場的成熟及商品價格透明度的增高，商品帶給熟客的選擇空間往往越來越大。若店鋪不能及時進行創新，熟客自然就會另尋他路，畢竟買到最實惠、最優質、最新鮮的商品才是熟客所需要的。

3. 店鋪內部服務意識淡薄

員工傲慢、熟客提出的問題不能得到及時解決、諮詢無人理睬、投訴沒人處理、回覆留言語氣生硬，接聽電話支支吾吾，回郵件更是草草了事，員工廠作效率低下也是直接導致熟客流失的重要因素。前幾天一個朋友告訴我說，她在淘寶一家女裝店鋪買了很久的衣服了，但這次收到的貨卻不對板，和照片上差異很大，在要求退貨時卻遭遇店鋪客服生硬的拒絕，客服部和發貨部互相推諉，一來二去，耽誤了時間事情卻沒得到解決，最後這個熟客發誓再也不去這家店鋪買東西了。

4. 員工跳槽，帶走了熟客

很多淘寶店鋪賣家都是小規模僱人經營，員工流動性上相對較大，店主在熟客關係管理方面不夠細膩、規範。熟客與店鋪客服之間的橋樑作用就被發揮得淋漓盡致，而店主自身對客戶影響力相對比較小，一旦客服人員摸清進貨管道，在網上自立門戶，以低價位做惡性競爭，老客戶就隨之而去。與此帶來的是競爭對手實力的增強。

5. 熟客遭遇新的誘惑

市場競爭激烈，為了迅速在市場上獲得有利地位，競爭對手往往會不惜代價做低價促銷，做廣告，做「毀滅性打擊」來

吸引更多的客源。「重金之下，必有勇夫」，熟客「變節」也不是什麼奇怪現象了。

另外，個別熟客自恃購買次數多，爲買到網上的最低價格商品，每買一件商品都搜索淘寶最低價來對比，否則就以「主動流失」進行要脅，店鋪滿足不了他們的特殊需求，只好善罷甘休。

找到熟客流失的原因，至於如何防範，店主們還應結合自身情況「對症下藥」才是根本。

二、放棄「無效」顧客

當淘寶網店進行獲利分析時，可能會發現許多毫無貢獻的顧客，對於這部份顧客網店賣家首先應該想到改變他們，如可以採取設法降低交易成本等方式。但是如果很多方式都不成功，從現實的角度講，則應該及時「壯士斷腕」，鼓勵這些顧客「主動流失」而轉向能滿足他們需求的其他競爭者。這並非是要刻意漠視某一顧客群體，從讓賣家或高獲利貢獻的顧客補貼這群顧客造成的損失這一層面來講，這一做法也是較爲妥當的。

網店賣家可從流失的顧客那裏獲得大量的信息，從而改進經營管理工作。顧客流失，表明網店爲顧客提供的消費價值下降，表明顧客對於公司創造的價值感到不滿意，說明網店爲顧客提供的價值存在某個方面或多個方面的缺陷。這些價值活動的任何一個環節出現差錯，都會對網店爲顧客創造的價值產生不利的影響。

深入瞭解顧客流失的原因，才能發現經營管理中存在的問題，採取必要的措施，防止其他顧客流失，有時還可促使已經流失的顧客重新購買網店的產品和服務，與網店建立更穩固的合作關係。計算出每一位老顧客對網店的「終身價值」，來確定挽回那些顧客，放棄那些顧客，然後選擇適合的時間去重新接觸正確的顧客，並讓他們樹立起對網店、對產品、對服務的忠誠度。

三、防止熟客流失的措施

一般來講，店鋪應從以下幾個方面入手來堵住熟客流失的缺口。

1. 做好品質行銷

要明白品質是維護熟客忠誠度最好的保證，是對付競爭者最有力的武器，是保持增長和贏利的唯一途徑。可見，店鋪只有在產品的品質上下大工夫保證商品的耐用性、可靠性、精確性等價值屬性才能在淘寶市場上取得優勢，才能為商品的銷售及品牌的推廣創造一個良好的運作基礎，也才能真正吸引客戶、留住客戶。如此運作，淘寶的市場也才會取得更好的口碑。

2. 強化與熟客的溝通

店鋪在得到一位新顧客時，應及時將店鋪的經營理念和服務宗旨傳遞給顧客，便於獲得新顧客的信任。在與顧客的交易中遇到矛盾時，應及時地與熟客溝通、處理和解決問題，在適當時候還可以選擇放棄自己利益保全熟客利益的宗旨，熟客自

然會感激不盡，很大程度上增加了熟客對店鋪的信任。

3.增加熟客對店鋪的品牌形象價值

這就要求店鋪一方面通過改進商品、服務、人員和形象，提高自己店鋪的品牌形象，另一方面通過改善服務和促銷網路系統，減少熟客購買產品的時間、體力和精力的消耗，以降低貨幣和非貨幣成本。從而影響熟客的滿意度和雙方深入合作的可能性，為自己的店鋪打造出良好的品牌形象。

4.建立良好的客情關係

員工跳槽帶走客戶很大一個原因就在於店鋪缺乏與熟客的深入溝通與聯繫。顧客資料是一個店鋪最重要的財富，店主只有詳細地收集好熟客資料，建立熟客檔案進行歸類管理並適時把握客戶需求讓熟客從心裏信任這個店鋪而不是單單一件商品，這樣才能真正實現「控制」熟客的目的。

5.做好網店商品的創新

店鋪的商品一旦不能根據市場變化做出調整與創新，就會落於市場的後塵。就好像淘寶上的韓版女裝分類，前年最火爆的品牌是 H.G.E.，去年最火 Vivicam，今年又火什麼呢？

市場是在不斷變化的，只有不斷的迎合市場需求，時代變化，才能真正贏得更多信賴你的熟客，只有那些走在市場前面來引導客戶驅使市場發展的經營者，才能取得成功。

對於那些用「自動流失」相要脅的熟客，儘管放棄吧，原則性問題，任何店鋪任何店主都應該遵守。

防範熟客流失工作既是一門藝術，又是一門科學，它需要店鋪不斷地去創造、傳遞和溝通優質的熟客價值，這樣才能最

終獲得、保持和增加老熟客，打造店鋪的核心競爭力，使網店擁有立足淘寶市場的資本。

心得欄 _____

_____

_____

_____

_____

_____

56

分解網路行銷計劃

　　網路交易是電子商務經營中非常重要的一個方面，但是，其他方面同樣值得重視，特別是企業僅僅依靠技術來提高內部工作效率(比如，提高與目標市場溝通效率)的時候更是如此。事實上，大部份的網路行銷計劃旨在完成如下的多個目標：

　　1.增加市場佔有率

　　指增加總體市場佔有率，包括線上和線下，大部份的時候你只要比你的競爭對手早進入 Internet 市場,你就可以較輕鬆地增加市場佔有率;

　　2.增加銷售收入

　　指增加銷售收入或銷售量，增加銷售收入更看重利潤，這對於細分的定制或個性化市場很適合，對於一些普通的市場，那些大公司更側重於增加銷售量;

　　3.降低成本

　　如分銷成本和廣告成本，一方面網路行銷可以有效地減少銷售環節,降低分銷成本;另一方面,比較線下廣告和 Internet 廣告,網路行銷可以很大程度上降低廣告成本;

4.完成品牌目標

如增強品牌知名度，Internet 上的網民構成和線下的不同，如網民很多並不在意電視，所以在電視上做廣告並不能將概念傳遞到這部份人群，所以，在 Internet 上可增加品牌知名度的覆蓋範圍，而且建立 Internet 的品牌也是非常重要的；

5.完善數據庫

當行銷活動到競爭非常激烈的程度，各種行銷就會越來越精細和準確，這時，擁有客戶的完善的數據庫資源就成爲競爭的基礎，誰手裏有完善的客戶信息，誰就有能力展開精準行銷；

6.完成客戶關係管理目標

如提高客戶滿意度，提高購買頻率或維繫老客戶的比例。老客戶的回頭是網上經營穩定的基石，而提高客戶滿意度就是老客戶回頭的動力；

7.改進供應鏈管理

如提高管道成員國的協作能力，增加合作夥伴數量，優化存貨水準。

行銷規劃中的一個重要部份是確定潛在的收入管道。公司選擇電子商務作爲一個目標，計劃通過在網上銷售某些商品來賺錢。公司的電子商務計劃可能包含如圖表所示的 SWOT 分析，最終採取電子業務的模式。假設亞馬遜公司的夥伴擴展計劃是在一年內將其合夥人數量從 80 萬人增加到 90 萬人。這一類型的目標是很容易評估的，而且是網路行銷計劃中一個關鍵的部份。這些計劃一般要說明爲什麼選擇這個時候設定這樣的目標，即在一定的外部環境下，利用電子商務的策略和網路行銷

的手段，爲什麼這樣的目標是可以達到的。

按照這一模式，網路行銷人員可以確立一個指標，如在第一年電子商務收入要達到 50 萬美元。一般情況下，一份網路行銷計劃的目標包括以下三個方面：

1.任務

需要完成什麼？可以是更細緻的任務，如流量增加一倍、銷售量增加 1/2、建立客戶數據庫、建立電子郵件行銷系統等；

2.可量化的工作指標

工作量是多少？如軟體發展的工作量、資料搜集的工作量、廣告投放的工作量和費用、SEO 網站優化的關鍵字工作量等；

3.時間範圍

什麼時候完成？爲每一個方面定下一個切實可行的時間表，分析清楚先後順序與之間的相互配合，最後還要留有充足的應變時間，以免在計劃出現差錯的情況下補救的時間。

實施計劃，是一個人人都關心的話題：怎樣通過有創意、有效率的策略來完成目標？在這一步驟中，廠商爲實現計劃目標選擇行銷組合、關係管理，以及其他策略制定出詳細的實施計劃。此外，它們還要判斷是否有一支合適的行銷隊伍（即員工隊伍、部門結構、應用服務提供者，以及其他的外部企業）去執行計劃。只要戰術組合得當，企業就有可能有效地達成目標。

網路企業格外關注行銷信息分析，因爲網路信息技術對自動化地行銷信息處理有很大的優勢。企業可以運用網站表格、電子郵件回饋、在線市場調研等形式，來搜集關於現在客戶、

潛在客戶及其他利益相關者的信息。其重要的策略包括：

1.網站日誌分析軟體幫助企業瞭解用戶在網站上的行為，以便更好地滿足客戶需求。

2.商業智慧，通過多維度地商業數據的調查發現很多的可以改進的地方和突破口。

3.用 Internet 進行調查，幫助企業瞭解競爭對手及其他市場力量的信息。

分解網路行銷計劃可以從時間維度和方法維度兩個方面綜合考慮，可以製作一張網路行銷的計劃表，以具體的工作內容作為豎向維度，以具體的時間作為橫向維度。這樣，就能夠很方便地確定出在某個時間做某項具體的網路行銷工作了。

值得提示的是，這些網路行銷計劃大部份都是可以並行的，這樣可以節約很多時間並能增加相互配合的程度。另外，某個方面更專業的人員應該負責某個方面的推廣工作，如果沒有的話可以尋找非專業的人員進行諮詢。

心得欄 _____

_____

_____

_____

_____

_____

57

網路行銷的項目管理

　　網路行銷的項目管理與一般的項目管理並無不同，可以採用一般的項目管理的方法來跟蹤網路行銷的項目進展並在過程中評估實施的效果。一旦網路行銷計劃開始實施，企業就應該經常地對其進行評估，以保證計劃的成功實施。這意味著網路行銷人員必須在網站開通前建立合適的跟蹤系統。在通常的情況下使用項目管理軟體是一個很好的辦法，微軟的 PROJECT 軟體就是一個很好的項目管理軟體。

　　進行網路行銷項目管理的保障是做好預算和備用方案。一般說來，如今很多企業都受到投資報酬率的驅使，因此，行銷人員必須在網路行銷項目預算裏明確一些無形的目標（如品牌建立、客戶關係管理等）將如何引領他們獲取更多的收益。同時，他們也必須採取準確、適時的度量手段來保證網路行銷計劃啓動和發展各階段費用支出的合理性。

　　做好預算，任何一個戰略規劃的關鍵部份都是確定預期的投資回報。企業可以將收益與成本比較，進行成本——收益分析，計算投資報酬率(ROI)或內部收益率(IRR)。管理層利用這些數據來判斷他們所做的投入是否值得。如今，企業格外關注

行銷投資報酬率(Return on marketing investment，ROMI)。
在計劃執行階段，行銷人員會密切關注實現發生的收入和成
本，以判斷企業是否在按既定目標執行。下面介紹的是與網路
行銷活動相關的一些收入和成本。

開展網路行銷會產生各種成本，例如，人員工資，購置硬
體、軟體等設備的開支，項目設計費用等。此外，一些傳統的
行銷成本也可能會出現在網路行銷預算中，例如，爲增加網站
訪問量而支付的離線廣告成本。

從「相關技術」專欄中可以看到，建立一個網站需要許多
步驟。除了最基本的開支以外，建立一個網站的成本少則 5000
美元，多則 5000 萬美元。以下列出的是網站開發可能發生的一
些費用，這些費用需要列入預算中。

1.技術費用

包括軟體、硬體購置費用，聯網費用，伺服器購置費用，
教育方面的資料及培訓費用，以及站點的運營及維護費用。

2.站點設計

網站需要平面設計師來創建具有吸引力的頁面，包括圖片
和照片。

3.人員工資

所有參與網站開發與維護的工作人員的工資都要列入預算
項目。

4.其他網站開發費用

除去技術費用和人員工資，其他的費用都在這一項中列
支，比如域名註冊、僱傭專家編寫內容或進行其他開發和設計

活動所需的費用。

5.網路廣告費用

包括購買流量和網路廣告的費用，有時候也需要花費很多資金投放線下廣告。

6.行銷溝通費用

凡是與增加網路訪問量、吸引回頭客消費直接相關的費用（比如在線或離線的廣告、公關、促銷活動等）都列入行銷溝通費用。其他費用包括搜索引擎註冊、在線諮詢費用、郵件列表租金、競賽獎勵等等。

7.雜項費用

其他項目費用可能包括差旅費、電話費，網站建設初期發生的文具用品費用等等。

在預算中也要做好收入預測，企業運用固定的銷售預測方法來評估網站在短期、中期、長期獲取的收入。在計算的過程中，企業要利用好自己的歷史數據、行業報告，以及競爭對手的信息。收入預測的一個重要部份是評估網站在一段時間內的訪問量，因為這些數字會對企業期望從網站獲取的收入產生影響。網路經營的收入管道主要包括網站的直接銷售、廣告銷售、訂閱費、會員介紹費、在聯盟站點實現的銷售、傭金收入，以及其他收入。企業通常以試算表的形式對這些分析進行匯總，試算表能顯示一段時間內的期望收入和這些收入的差距。

網路行銷也需要評估無形收益，與線下評估企業的無形收益情況相似，網路行銷戰略中的無形收益也很難確定。例如，美國航空公司開展一項活動，在活動期間，客戶會定期收到關

於他們常客計劃賬戶餘額信息的電子郵件。這項工作能夠創造多少品牌價值呢？網站幫助提高了品牌知名度，它的價值又有多大？用財務數據來顯示這樣的收益，是一項非常艱巨的工作，但又是必不可少的。

網路行銷預算中需要確認的是降低的成本是多少，通過網站的高效率所節約的成本將轉化爲企業的軟收入。例如，如果在分銷管道中通過批發商、分銷商和零售商將製造商和客戶聯繫起來，那麼每一個中間商都要從中獲准一個典型的提價方案是，即製造商價格提高 10%賣給批發商，批發商將價格提高 10%賣給零售商，零售商將價格提高 50%賣給消費者。因此，如果一個製造商以 100 元的價格將其產品賣給批發商，那麼終端消費者需要支付 181.5 元才能購買到此產品。如果製造商跳過那些中間商而在網上直接將產品賣給消費者(如 B2C 在線銷售)，就可以將產品定價爲 180 美元，增加 80 美元的收入。這種方法能否爲廠商帶來利潤，取決於將產品遞送給消費者所花費的成本。

另外還有一個例子，假設列印、郵寄一封郵件需要 1 美元，那麼給 5000 個消費者寄郵件就需要 5000 美元。事實上，如果通過電子郵件來發送，這 5000 美元廠商是可以節約的。如思科公司利用在線電腦系統銷售來處理銷售業務，每年竟然可以節約成本 2.7 億美元。

物流瓶頸和供應瓶頸也是普遍會出現的問題，這些問題你要獲得解決。

58

SEO 的內部工作內容

　　SEO 是 Search Engine Optimization 的縮寫，翻譯成中文就是「搜索引擎優化」。SEO 的主要工作是通過瞭解各類搜索引擎如何抓取 Internet 頁面、如何進行索引，以及如何確定其對某一特定關鍵詞的搜索結果排名等技術，來對網頁進行相關的優化，使其提高搜索引擎排名，從而提高網站訪問量，最終提升網站的銷售能力或宣傳能力的技術。在國外，SEO 開展較早，那些專門從事 SEO 的技術人員被 Google 稱之為「Search Engine Optimizers」。由於 Google 是目前世界最大搜索引擎提供商，所以 Google 也成為全世界 SEO 的主要研究對象，為此 Google 官方網站專門有一頁介紹 SEO，並表明 Google 對正面使用 SEO 的肯定態度。而在世界頂級搜索引擎 Google 的飛速發展及排名演算法機制不斷更新的情況下，SEO 技術及隊伍也在近些年來飛速發展和壯大，人們對 SEO 技術的認可和重視也與日俱增。

　　網站內部 SEO 工作的主要內容有：網站結構優化、網頁代碼優化、關鍵字佈置、關鍵字寫作、站內鏈結優化等。網站內部 SEO 工作就像對網站進行整容，它針對搜索引擎的普遍規律

對網站進行製作和變更，這個過程需要對搜索引擎的運作有清晰的瞭解、網民搜索有豐富的觀察和體驗、對網站的製作有實際經驗，並且需要創造性地推陳出新。

1.寫豐富關鍵詞的內容

為你的文章增加新的關鍵詞將有利於 Google 蜘蛛爬行文章索引。但不要堆砌太多的關鍵詞，除了考慮「如何做能讓人們在搜索引擎中找到這篇文章」，還要考慮如果人們在 Google 中找的內容你文章中有，那你得考慮他們會在 Google 中輸入什麼詞來搜索相關文章？問題的答案說明，你應該將這個詞貫穿你的整篇文章。這些關鍵詞需要在你的文章中被頻繁地提及，你可以遵循下面的方法：

⑴關鍵詞應該出現在網頁標題標籤裏面；

⑵ URL 裏面有關鍵詞，即目錄名、文件名可以放入一些關鍵詞；

⑶在網頁導出鏈結的鏈結文字中包含關鍵詞；

⑷用粗體顯示關鍵詞(至少試著做一次)；

⑸在標籤中提及該關鍵詞(關於如何運用 head 標籤有過爭論，但一致都認為 h1 標籤比 h2，h3，h4 的影響效果更好，當然有些沒有運用 head 標籤的網頁也有很高的 PR 值)；

⑹圖像 ALT 標籤可以放入關鍵詞；

⑺整個文章中都要包含關鍵詞，但最好在第一段第一句話就放入；

⑻在元標籤(meta 標籤)放入關鍵詞(這點的價值越來越低，但仍有些人相信這對某些搜索引擎是有用的)。

注意不要爲了優化而把文章都填充上關鍵詞，形成關鍵詞堆砌，從而毀了你的文章，也扭曲了你寫這個文章的意圖。大部份 SEO 專家建議關鍵詞密度最好在 5%～20%之間， 20%的密度就可能破壞了你的文章。最後還想說一點，不要爲了做 SEO 優化，而放棄了用戶對你的網站體驗。雖然關鍵詞密度對搜索引擎的蜘蛛爬行很重要，但最重要的是網站的內容和設計對讀者是友好的，要提高讀者的體驗。沒有什麼比全部填充了關鍵詞的頁面更糟糕的了，千萬不要成爲這樣的案例。

2.站點設計

搜索引擎更喜歡友好的網頁結構，無誤的代碼和明確導航的站點。確保你的頁面都是有效的和在主流流覽器中的視覺化。搜索引擎不喜歡太多的 Flash、Frames 和 JavaScript 腳本，所以保持站點的乾淨整潔，也有利於搜索引擎蜘蛛更快更精確地爬行到你的索引。

3.站點的內部鏈結

提到鏈結，許多人馬上想到的是和其他網站的鏈結。做搜索引擎優化的人士非常積極地從其他網站添置指向自己網站的鏈結，即導入鏈結。不錯，導入鏈結的增加會對網站的價值提升有幫助，但是網站內部鏈結也是受到搜索引擎的重視的。搜索引擎的工作方式是通過蜘蛛程序抓取網頁信息，追蹤你寫的內容和通過網頁的鏈結位址來尋找網頁，抽取超鏈結位址。

站內鏈結的合理建造是搜索引擎優化的重要技術之一。它的優化功能使網站整體獲得搜索引擎的價值認可，尤其是 Google。這個優化措施主要是建立方便、直接、全面的流覽導

航鏈結,使每一頁有次序地首尾相接。第二個方法是建立站點地圖,將所有的網頁分門別類地列舉出來,使搜索引擎非常容易地知道網站的結構,依照這個地圖訪問各個網頁。

4.導出鏈結

相關的導出鏈結會提高網頁在搜索引擎中的排名。當你的網頁鏈結到外部站點,將減少網站的部份流量,所以你需要計算一下這樣做的損失。需要注意的是,你也應該嘗試到一些權威的相關站點上做些鏈結到你自己的網站上,記住太多的導出鏈結將影響並降低你的排名,把握適度的原則。導出鏈結要注意品質,當我們製作導出鏈結的時候可以遵循下面三個建議:

(1)這個網站是否很好,並且是否可靠?不要害怕去介紹那些不知名但有不錯內容的站點,這對你的訪客來說是非常好的服務。如果你的網站因為發現了非常好的新內容而獲得了聲譽,你會為你的站點獲得更多的鏈結。

(2)這個網站的內容是否與你的網站緊密相關?每一個從你站點出來的鏈結都是你可信度的一部份,既是對訪客也是對搜索引擎而言。要確認每一個鏈結都是對你訪客的服務,每個鏈結都是通往一個與他們高度相關的站點,並且你堅信這一點。

(3)這個網站是否是你的競爭對手?要在這方面非常小心。當考慮安排一種相互鏈結的時候,要確認這是一個非常受尊敬的站點,能夠更多地幫助你而不是傷害你。否則,幾乎沒有理由要鏈結到競爭對手那裏。要提防那些許諾提供雙向鏈結但不執行他們承諾的競爭對手。

5.明智的選擇域名

選擇域名最重要的一點是：如有可能，儘量包括關鍵詞。你應該花一點時間看看之前是否有人註冊過這個域名。當然效果也是兩方面的，如果之前有高品質的站點和它做反向鏈結，那你就受益了。但是也有可能做反向鏈結的都是一些垃圾站點，那你可能會被 Google 禁止很長一段時間，檢驗過期域名的反向鏈結工具你也許會用到。Google 的行爲方式證明較早註冊的域名會獲得更高的排名。所以儘早地註冊域名是有利的。

6.每篇文章的主題

一個頁面的主題越緊湊，搜索引擎對它的排名就越好。有時也許你發現你寫了很長的文章，覆蓋了一些不同的話題，它們的相關性並不高。如果你關心搜索引擎的排名，那最好把這樣的文章切塊，分成幾個主題更密切的文章。

7.寫長度適宜的文章

關於搜索引擎優化有一些人認爲太短的文章不能獲得較高的排名。一般控制每篇文章至少有 1000 個字。當然如果想讓文章有好的排名，一方面不能讓文章太短，另一方面，也不要讓文章顯得太長，因爲這將不利於你保持關鍵詞的密度，文章看上去也缺少緊湊。研究顯示過長的文章會急劇減少讀者的數量，他們在看第一眼的時候就選擇了關閉文章。

8.避免內容重覆

Google 在使用指南中嚴重警告過關於多個網頁相同內容的問題，不管這些網頁是你擁有的還是別人擁有的。因爲一系列的垃圾站點就是不斷複製網頁內容(也竊取別人網站內容)。有一些爭論關於什麼樣的內容算複製，什麼樣的不應該包括在

內(比如,許多人喜歡把免費文章共用在自己的 Blog 上,這些文章曾出現在千百萬的網頁上)。對於自己需要引用的文章儘量地加上一些原創的內容是一個比較好的方法。

9.目錄的數量

當目錄過多的時候,都會陷入麻煩。大站點的等級比小站點高,當然一些小站點也有高的等級,這並不是標準。目錄越多,搜索引擎搜索的也就越全面。如果你有太多的頁面,你需要組織它們以方便搜索引擎爬行。並不是隨便建立一些無謂的垃圾目錄,隨著時間推移,站點的逐漸豐富和飽滿不論對排名還是對流覽者都是很有益的。

10.提交到搜索引擎

如果你做了所有站內 SEO 都該做的事,網站卻還沒有出現在搜索引擎中。那是因為搜索引擎還沒有開始收錄,每個搜索引擎都允許用戶提交未收錄站點。一般需要很長一段時間來等待搜索引擎的收錄,也許更快的方法還是得到已經被搜索引擎收錄的站點的鏈結。

綜上所述,SEO 依據通過對搜索引擎長期摸索、觀察得出來的技術與經驗,利用搜索引擎錄取網站的規則,將網站的整體結構、網站佈局、關鍵詞分佈及密度進行優化,使網站對搜索引擎的抓取具有友好性,從而進行搜索引擎優化,達到網站排名提高的效果。

59

SEO 的外部工作內容

　　網站外部 SEO 工作的主要內容有：網站的外部鏈結建設、輔助站點的建設、網站流量監測工具的應用等。其中網站的外部鏈結建設和輔助站點的建設有兩個大的作用：一是增加網站的 PR 值，這是搜索引擎對自然排名的一個重要的衡量標準；二是能夠導入不少高品質的流量。網站流量監測工具的應用是為了跟蹤和衡量 SEO 工作的成果，除此之外，也可以在以後網站運營過程中起到數據搜集和分析的作用。

　　網站外部 SEO 工作的核心是外部鏈結的建設。為什麼搜索引擎重視鏈結？正如鏈結改變了讀者對內容的消費方式，鏈結也改變了搜索引擎的遊戲規則。隨著 1998 年 Google 的出現，搜索引擎開始使用鏈結來評判 Internet 上每個頁面的品質。每個連到你網頁的鏈結都是對你品質表示肯定的一張「選票」，自然搜索引擎在判斷那個網頁對其搜索結果來說具有最高品質時，會計算這些選票。搜索引擎判斷出網頁的重要性，這樣它們就可以提供最高品質的內容，即最好的搜索結果。

　　鏈結的流行度是怎樣起作用的？幾乎所有的搜索引擎在演

算法中都給予其相當大的權重。搜索引擎評估網頁的鏈結流行度有 4 種基本方法：

1.鏈結數量

一般來說，收到較多鏈結的網頁會比收到較少鏈結的網頁排名高些。不過，不是所有的鏈結都是平等的。

2.鏈結品質

搜索引擎通過檢查鏈結來源站點的鏈結流行度來判斷權威性。因此如果一個高權威性的站點鏈結到你的網站，這就將它的一些權威性贈與到了你的頁面。搜索引擎將最高網頁排名的要素歸因於從很多高品質站點來鏈結。

3.錨定文本

錨定文本即訪客點擊的那個鏈結的文本，錨定文本對搜索引擎是非常重要的，因為它提供了推薦的背景信息。搜索引擎傾向於把含有搜索關鍵字的錨定文本所推薦的網頁排在前面。

4.鏈結相關性

從內容相關站點來的鏈結也是一個搜索請求排名的關鍵要素。「相關性」是指信息是關於某一個主題的相關程度。除了錨定文本之外，搜索引擎查看錨定文本週邊的詞，查看整個網頁甚至整個鏈結來源站點上的詞。

鏈結本身是具有極高重要性的，最好的鏈結經常在內容背景上與訪客非常相關。這些是你希望擁有的鏈結，它們給你的站點帶來合格的訪問流量，而這也是你的鏈結基本原理。你想要的鏈結是能夠吸引最多的合格訪客來到你的站點，這樣你就可以轉化他們。當 Google 開始吸引越來越多的搜索者，並且當

其他搜索引擎也開始採用類似的基於鏈結的網頁排名要素方法時，搜索引擎行銷人員開始認識到鏈結的重要性。

一步一步地為網站構建鏈結，使你的站點成為鏈結磁石。那麼你該如何去吸引這些鏈結呢？每個鏈結登錄頁面必須提供一個被鏈結的強有力的理由：

⑴提供產品或者服務。如果你的登錄頁面提供某種產品或服務，那些相關的但沒有競爭性價格的站點樂意提供你的鏈結給他們的訪問者。

⑵有價值的信息。很多鏈結登錄頁面都提供了重要的信息。別的網站會對這些重要信息進行引用，如果引用者遵守網路道德的話，會提供引用地址。

⑶權威的信息來源。在某些分類目錄上提供你自己的鏈結位址，或者自己建立一個針對特定題目的小型網站目錄，然後通過目錄交換鏈結。

⑷值得擁有的工具。通過提供一種對訪客有用的軟體工具來吸引很多鏈結。

⑸業務關係。如果你是一個製造商，就可以從你的零售商得到鏈結。如果你是個零售商，就使用你的成員機構。每個組織都與其他的組織相關聯，利用這些關係是建立連接的好辦法。

吸引鏈結到你的網站是搜索引擎行銷必須要做的相當困難的事情之一。為你的網站構建有品質的鏈結是沒有捷徑的，那些對於你的訪客來說是最好的鏈結可能很難得到，但是它們也是搜索引擎給予高分的那些鏈結。總而言之，搜索引擎很聰明，而且越來越聰明。

圖 書 出 版 目 錄

1. 傳播書香社會，凡向本出版社購買（或郵局劃撥購買），一律 9 折優惠。
   服務電話(02) 27622241　(03) 9310960　　傳真(02) 27620377

2. 郵局劃撥號碼：18410591　　郵局劃撥戶名：憲業企管顧問公司

3. 圖書出版資料隨時更新，請見網站　www.bookstore99.com

4. **CD 贈品** 直接向出版社購買圖書，本公司提供 CD 贈品如下：買 3 本書，贈送 1 套 CD 片。買 6 本書，贈送 2 套 CD 片。買 9 本書，贈送 3 套 CD 片。買 12 本書，贈送 4 套 CD 片。CD 片贈品種類，列表在本「圖書出版目錄」最末頁處。

5. **電子雜誌贈品** 回饋讀者，免費贈送《環球企業內幕報導》電子報，請將你的 e-mail、姓名，告訴我們編輯部郵箱 huang2838@yahoo.com.tw 即可。

經營顧問叢書

4	目標管理實務	320 元		18	聯想電腦風雲錄	360 元
5	行銷診斷與改善	360 元		19	中國企業大競爭	360 元
6	促銷高手	360 元		21	搶灘中國	360 元
7	行銷高手	360 元		22	營業管理的疑難雜症	360 元
8	海爾的經營策略	320 元		23	高績效主管行動手冊	360 元
9	行銷顧問師精華輯	360 元		25	王永慶的經營管理	360 元
10	推銷技巧實務	360 元		26	松下幸之助經營技巧	360 元
11	企業收款高手	360 元		30	決戰終端促銷管理實務	360 元
12	營業經理行動手冊	360 元		31	銷售通路管理實務	360 元
13	營業管理高手（上）	一套		32	企業併購技巧	360 元
14	營業管理高手（下）	500 元		33	新產品上市行銷案例	360 元
16	中國企業大勝敗	360 元		37	如何解決銷售管道衝突	360 元

46	營業部門管理手冊	360 元	80	內部控制實務	360 元
47	營業部門推銷技巧	390 元	81	行銷管理制度化	360 元
49	細節才能決定成敗	360 元	82	財務管理制度化	360 元
52	堅持一定成功	360 元	83	人事管理制度化	360 元
55	開店創業手冊	360 元	84	總務管理制度化	360 元
56	對準目標	360 元	85	生產管理制度化	360 元
57	客戶管理實務	360 元	86	企劃管理制度化	360 元
58	大客戶行銷戰略	360 元	87	電話行銷倍增財富	360 元
59	業務部門培訓遊戲	380 元	88	電話推銷培訓教材	360 元
60	寶潔品牌操作手冊	360 元	90	授權技巧	360 元
61	傳銷成功技巧	360 元	91	汽車販賣技巧大公開	360 元
63	如何開設網路商店	360 元	92	督促員工注重細節	360 元
66	部門主管手冊	360 元	93	企業培訓遊戲大全	360 元
67	傳銷分享會	360 元	94	人事經理操作手冊	360 元
68	部門主管培訓遊戲	360 元	95	如何架設連鎖總部	360 元
69	如何提高主管執行力	360 元	96	商品如何舖貨	360 元
70	賣場管理	360 元	97	企業收款管理	360 元
71	促銷管理（第四版）	360 元	98	主管的會議管理手冊	360 元
72	傳銷致富	360 元	100	幹部決定執行力	360 元
73	領導人才培訓遊戲	360 元	106	提升領導力培訓遊戲	360 元
75	團隊合作培訓遊戲	360 元	107	業務員經營轄區市場	360 元
76	如何打造企業贏利模式	360 元	109	傳銷培訓課程	360 元
77	財務查帳技巧	360 元	111	快速建立傳銷團隊	360 元
78	財務經理手冊	360 元	112	員工招聘技巧	360 元
79	財務診斷技巧	360 元	113	員工績效考核技巧	360 元

114	職位分析與工作設計	360元	144	企業的外包操作管理	360元
116	新產品開發與銷售	400元	145	主管的時間管理	360元
117	如何成爲傳銷領袖	360元	146	主管階層績效考核手冊	360元
118	如何運作傳銷分享會	360元	147	六步打造績效考核體系	360元
122	熱愛工作	360元	148	六步打造培訓體系	360元
124	客戶無法拒絕的成交技巧	360元	149	展覽會行銷技巧	360元
125	部門經營計畫工作	360元	150	企業流程管理技巧	360元
126	經銷商管理手冊	360元	152	向西點軍校學管理	360元
127	如何建立企業識別系統	360元	153	全面降低企業成本	360元
128	企業如何辭退員工	360元	154	領導你的成功團隊	360元
129	邁克爾·波特的戰略智慧	360元	155	頂尖傳銷術	360元
130	如何制定企業經營戰略	360元	156	傳銷話術的奧妙	360元
131	會員制行銷技巧	360元	158	企業經營計畫	360元
132	有效解決問題的溝通技巧	360元	159	各部門年度計畫工作	360元
133	總務部門重點工作	360元	160	各部門編制預算工作	360元
134	企業薪酬管理設計		161	不景氣時期，如何開發客戶	360元
135	成敗關鍵的談判技巧	360元	162	售後服務處理手冊	360元
137	生產部門、行銷部門績效考核手冊	360元	163	只爲成功找方法，不爲失敗找藉口	360元
138	管理部門績效考核手冊	360元	166	網路商店創業手冊	360元
139	行銷機能診斷	360元	167	網路商店管理手冊	360元
140	企業如何節流	360元	168	生氣不如爭氣	360元
141	責任	360元	169	不景氣時期，如何鞏固老客戶	360元
142	企業接棒人	360元	170	模仿就能成功	350元
143	總經理工作重點	360元	171	行銷部流程規範化管理	360元

172	生產部流程規範化管理	360 元	198	銷售說服技巧	360 元
173	財務部流程規範化管理	360 元	199	促銷工具疑難雜症與對策	360 元
174	行政部流程規範化管理	360 元	200	如何推動目標管理（第三版）	390 元
175	人力資源部流程規範化管理	360 元	201	網路行銷技巧	360 元
176	每天進步一點點	350 元	202	企業併購案例精華	360 元
177	易經如何運用在經營管理	350 元	204	客戶服務部工作流程	360 元
178	如何提高市場佔有率	360 元	205	總經理如何經營公司（增訂二版）	360 元
179	推銷員訓練教材	360 元	206	如何鞏固客戶（增訂二版）	360 元
180	業務員疑難雜症與對策	360 元	207	確保新產品開發成功（增訂三版）	360 元
181	速度是贏利關鍵	360 元	208	經濟大崩潰	360 元
182	如何改善企業組織績效	360 元	209	鋪貨管理技巧	360 元
183	如何識別人才	360 元	210	商業計畫書撰寫實務	360 元
184	找方法解決問題	360 元	211	電話推銷經典案例	360 元
185	不景氣時期，如何降低成本	360 元	212	客戶抱怨處理手冊(增訂二版)	360 元
186	營業管理疑難雜症與對策	360 元	213	現金爲王	360 元
187	廠商掌握零售賣場的竅門	360 元	214	售後服務處理手冊（增訂三版）	360 元
188	推銷之神傳世技巧	360 元	215	行銷計畫書的撰寫與執行	360 元
189	企業經營案例解析	360 元	216	內部控制實務與案例	360 元
191	豐田汽車管理模式	360 元	217	透視財務分析內幕	360 元
192	企業執行力（技巧篇）	360 元	218	主考官如何面試應徵者	360 元
193	領導魅力	360 元	219	總經理如何管理公司	360 元
194	注重細節（增訂四版）	360 元	220	如何推動利潤中心制度	360 元
195	電話行銷案例分析	360 元			
196	公關活動案例操作	360 元			
197	部門主管手冊(增訂四版)	360 元			

221	診斷你的市場銷售額	360 元	25	如何撰寫連鎖業營運手冊	360 元
222	確保新產品銷售成功	360 元	26	向肯德基學習連鎖經營	350 元
223	品牌成功關鍵步驟	360 元	27	如何開創連鎖體系	360 元
224	客戶服務部門績效量化指標	360 元	28	店長操作手冊（增訂三版）	360 元
225	搞懂財務當然有利潤	360 元	29	店員工作規範	360 元
226	商業網站成功密碼	360 元	30	特許連鎖業經營技巧	360 元

《商店叢書》 　　　　《工廠叢書》

1	速食店操作手冊	360 元	1	生產作業標準流程	380 元
4	餐飲業操作手冊	390 元	4	物料管理操作實務	380 元
5	店員販賣技巧	360 元	5	品質管理標準流程	380 元
6	開店創業手冊	360 元	6	企業管理標準化教材	380 元
8	如何開設網路商店	360 元	8	庫存管理實務	380 元
9	店長如何提升業績	360 元	9	ISO 9000 管理實戰案例	380 元
10	賣場管理	360 元	10	生產管理制度化	360 元
11	連鎖業物流中心實務	360 元	11	ISO 認證必備手冊	380 元
12	餐飲業標準化手冊	360 元	12	生產設備管理	380 元
13	服飾店經營技巧	360 元	13	品管員操作手冊	380 元
14	如何架設連鎖總部	360 元	14	生產現場主管實務	380 元
18	店員推銷技巧	360 元	15	工廠設備維護手冊	380 元
19	小本開店術	360 元	16	品管圈活動指南	380 元
20	365 天賣場節慶促銷	360 元	17	品管圈推動實務	380 元
21	連鎖業特許手冊	360 元	18	工廠流程管理	380 元
22	店長操作手冊（增訂版）	360 元	20	如何推動提案制度	380 元
23	店員操作手冊（增訂版）	360 元	22	品質管制手法	380 元
24	連鎖店操作手冊（增訂版）	360 元	24	六西格瑪管理手冊	380 元

24	如何治療糖尿病	360 元
25	如何降低膽固醇	360 元
26	人體器官使用說明書	360 元
27	這樣喝水最健康	360 元
28	輕鬆排毒方法	360 元
29	中醫養生手冊	360 元
30	孕婦手冊	360 元
31	育兒手冊	360 元
32	幾千年的中醫養生方法	360 元
33	免疫力提升全書	360 元
34	糖尿病治療全書	360 元
35	活到 120 歲的飲食方法	360 元
36	7 天克服便秘	360 元
37	為長壽做準備	360 元

《幼兒培育叢書》

1	如何培育傑出子女	360 元
2	培育財富子女	360 元
3	如何激發孩子的學習潛能	360 元
4	鼓勵孩子	360 元
5	別溺愛孩子	360 元
6	孩子考第一名	360 元
7	父母要如何與孩子溝通	360 元
8	父母要如何培養孩子的好習慣	360 元
9	父母要如何激發孩子學習潛能	360 元
10	如何讓孩子變得堅強自信	360 元

《成功叢書》

1	猶太富翁經商智慧	360 元
2	致富鑽石法則	360 元
3	發現財富密碼	360 元

《企業傳記叢書》

1	零售巨人沃爾瑪	360 元
2	大型企業失敗啟示錄	360 元
3	企業併購始祖洛克菲勒	360 元
4	透視戴爾經營技巧	360 元
5	亞馬遜網路書店傳奇	360 元
6	動物智慧的企業競爭啟示	320 元
7	CEO 拯救企業	360 元
8	世界首富　宜家王國	360 元
9	航空巨人波音傳奇	360 元
10	傳媒併購大亨	360 元

《智慧叢書》

1	禪的智慧	360 元
2	生活禪	360 元
3	易經的智慧	360 元
4	禪的管理大智慧	360 元
5	改變命運的人生智慧	360 元
6	如何吸取中庸智慧	360 元
7	如何吸取老子智慧	360 元
8	如何吸取易經智慧	360 元

《DIY叢書》

1	居家節約竅門DIY	360元
2	愛護汽車DIY	360元
3	現代居家風水DIY	360元
4	居家收納整理DIY	360元
5	廚房竅門DIY	360元
6	家庭裝修DIY	360元
7	省油大作戰	360元

《傳銷叢書》

4	傳銷致富	360元
5	傳銷培訓課程	360元
7	快速建立傳銷團隊	360元
9	如何運作傳銷分享會	360元
10	頂尖傳銷術	360元
11	傳銷話術的奧妙	360元
12	現在輪到你成功	350元
13	鑽石傳銷商培訓手冊	350元
14	傳銷皇帝的激勵技巧	360元
15	傳銷皇帝的溝通技巧	360元
16	傳銷成功技巧（增訂三版）	360元
17	傳銷領袖	360元

《財務管理叢書》

1	如何編制部門年度預算	360元
2	財務查帳技巧	360元
3	財務經理手冊	360元
4	財務診斷技巧	360元
5	內部控制實務	360元
6	財務管理制度化	360元
7	現金為王	360元

《培訓叢書》

1	業務部門培訓遊戲	380元
2	部門主管培訓遊戲	360元
3	團隊合作培訓遊戲	360元
4	領導人才培訓遊戲	360元
5	企業培訓遊戲大全	360元
8	提升領導力培訓遊戲	360元
9	培訓部門經理操作手冊	360元
10	專業培訓師操作手冊	360元
11	培訓師的現場培訓技巧	360元
12	培訓師的演講技巧	360元
14	解決問題能力的培訓技巧	360元
15	戶外培訓活動實施技巧	360元
16	提升團隊精神的培訓遊戲	360元
17	針對部門主管的培訓遊戲	360元

為方便讀者選購，本公司將一部分上述圖書又加以專門分類如下：

《企業制度叢書》

1	行銷管理制度化	360元
2	財務管理制度化	360元
3	人事管理制度化	360元

4	總務管理制度化	360 元
5	生產管理制度化	360 元
6	企劃管理制度化	360 元

6	投資基金賺錢方法	360 元
7	索羅斯的基金投資必贏忠告	360 元

《主管叢書》

1	部門主管手冊	360 元
2	總經理行動手冊	360 元
3	營業經理行動手冊	360 元
4	生產主管操作手冊	380 元
5	店長操作手冊（增訂版）	360 元
6	財務經理手冊	360 元
7	人事經理操作手冊	360 元

《人事管理叢書》

1	人事管理制度化	360 元
2	人事經理操作手冊	360 元
3	員工招聘技巧	360 元
4	員工績效考核技巧	360 元
5	職位分析與工作設計	360 元
6	企業如何辭退員工	360 元
7	總務部門重點工作	360 元

《理財叢書》

1	巴菲特股票投資忠告	360 元
2	受益一生的投資理財	360 元
3	終身理財計畫	360 元
4	如何投資黃金	360 元
5	巴菲特投資必贏技巧	360 元

CD 贈 品
（企管培訓課程 CD 片）

(1)	解決客戶的購買抗拒
(2)	企業成功的方法（上）
(3)	企業成功的方法（下）
(4)	危機管理
(5)	口才訓練
(6)	行銷戰術（上）
(7)	行銷戰術（下）
(8)	會議管理
(9)	做一個成功管理者（上）
(10)	做一個成功管理者（下）
(11)	時間管理

註：感謝學員惠於提供資料。本欄 11 套 CD 贈品不定期增加，請詳看。讀者直接向出版社購買圖書 3 本，送 1 套 CD。買圖書 6 本，送 2 套 CD。買圖書 9 本，送 3 套 CD。買圖書 12 本以上，送 4 套 CD。購書時，請註明索取 CD 贈品種類。

建立企業圖書館

當市場競爭激烈時：

培訓員工，強化員工競爭力
是企業最佳對策

　　「人才」是企業最大的財富。如何提升人才，是企業永續經營、戰勝對手的核心競爭力。積極培訓公司內部員工，是經濟不景氣時期的最佳戰略，而最快速的具體作法，就是**「建立企業內部圖書館，鼓勵員工多閱讀、多進修專業書籍」**

　　建議您：請一次購足本公司所出版各種經營管理類圖書，作為貴公司內部員工培訓圖書。（使用率高的，準備多本；使用率低的，只準備一本。）

回饋讀者，免費贈送《環球企業內幕報導》電子報，請將你的 e-mail、姓名，告訴我們 huang2838@yahoo.com.tw 即可。

經營顧問叢書 ㉖　　　　　　售價：360 元

商業網站成功密碼

西元二〇〇九年十一月　　　　　　　　初版一刷

編著：任賢旺

策劃：麥可國際出版有限公司（新加坡）

編輯：蕭玲

校對：焦俊華

發行人：黃憲仁

發行所：憲業企管顧問有限公司

電話：（02）2762-2241　　0930872873

臺北聯絡處：臺北郵政信箱第 36 之 1100 號

郵政劃撥：18410591 憲業企管顧問有限公司

江祖平律師顧問：紙品書、數位書著作權與版權均歸本公司所有

大陸地區訂書，請撥打大陸手機：13243710873

本公司徵求海外銷售代理商（0930872873）

出版社登記：局版台業字第 6380 號

ISBN：978-986-6421-30-3

擴大編制，誠徵新加坡、臺北編輯人員，請來函接洽。